桃園縣私立大華高級中學數學領域系列叢書

數學基礎知識的系統建構
──邏輯語法的主題專輯

陳文瑛　編著

主題論述類
第1輯

出 版 前 言

　　五年前（民國九十一年），當我們出版「私立大華高級中學創校四十週年暨方志平校長紀念特刊」時，收集了一篇大華創辦人方志平女士，早在民國四十年五月寫的有關教育的文章——「如何做個好先生」，文中強調好老師必備的三個條件是：老師的責任是教學生學、教法必須結合學生學的方法、必須一面教一面學。四十五年來，大華的老師都能秉持這些理念做到了教學相長，也都體會到唯有學而不厭，才能誨人不倦，累積了很多寶貴的教材、生動的教法、實用的教學經驗，因此不論參加校外的命題競賽或教學觀摩比賽，都能屢獲佳績，更重要的是學生受教時獲益匪淺。

　　值此四十五週年校慶之際，我們決定將各科累積的教材、教法、經驗，分門別類彙集成冊，陸續出版，與各界分享，更希望教育界先進及伙伴們能給與指正，使我們的教學更趨完善。

大華中學董事長

方海龍　敬書於 2007 年 4 月大華四十五週年

序

與數學的第三類接觸

　　絕大部分的學生在學習數學的過程中，接觸的書籍不外乎教科書與參考書。本書試圖跳脫教科書與參考書編輯模式，而以不同的方式呈現―知識篇介紹數學基礎知識；實務篇探討學習數學的要領。

　　本書定名為「數學基礎知識的系統建構―邏輯語法的主題專輯」。第一章是「邏輯語法」；第二章是「建構系統知識」。

　　「邏輯語法」的知識篇分為主題論與評量類兩節，目的是建立學生對數學基本觀念的認識與應用。主題論彙整十一個主題，其中主題一至六的邏輯語法、證明方法、鴿籠定理、高斯記號、加法與乘法原理及排容原理偏重於數學的原理與方法；主題七至十一的商高定理、特殊直角三角形、三角形的心、孟氏定理與幾何作圖偏重於國中幾何概念的延伸。每一個主題的內容包括前言、觀念摘要、實例解說與題型練習，題型練習並另附詳解。前言的主旨為學習動機或觀念來源的詮釋；觀念摘要可以做為學生建構系統知識內容的參考；實例解說明示數學觀念的基本應用；題型練習提供學生親身體驗的素材。學生應充分理解各主題的前言、觀念摘要與實例解說，並自行進行題型練習，避免以研讀詳解的方式取代實際演算。評量類的內容包括各主題的概念題與演練題，每一個題目亦另附詳解。評量類題目的重點在於學習成果的驗收，其中概念題的設計係加強學生對主題論觀念摘要的理解；演練題則深化與延續主題論的題型練習。學生應先完成主題的各個項目，再自行演算該主題的的概念題與演練題，並參照詳解確實訂正。

Foreword

　　「建構系統知識」的實務篇包括建構系統知識、解題策略、閱讀與寫作及小論文實作四個單元，以指導學生有效學習數學的方式，並增進學生思考、語文表達與解決及發掘問題等能力為目的。其中建構系統知識教導學生如何將所學概念做系統化的整理；解題策略指導學生如何運用已建構的系統知識對評量題目做策略性的處理；閱讀與寫作訓練學生如何精簡陳述本身的想法；小論文實作指引學生如何綜合應用建構系統知識、解題策略、閱讀與寫作所培養的能力。

　　本書適用對象是國中資優或一般高中一、二年級學生。本人於出版前曾長期以本書內容指導大華中學國中部三年級資優學生林侑群與賈鈞巖，並委請校內數學科楊守謙教師就部分主題內容指導本校高中部一年級學生。由於本書取材範圍以國中的延伸教材與高中的基礎教材為主，建議教師利用寒暑假或學期內正課以外的時間輔導學生，輔導方式由教師視狀況決定。也建議對數學有興趣的學生接觸本書時，應有下列的認知─不要誤以為數學只是解題遊戲，能養成邏輯思維與完善表達等能力才是一生受用無窮的最大收穫。

　　感謝林侑群與賈鈞巖兩位小助理，讓本書的內容得以進一步檢驗與修訂。感謝大華中學數學科教師楊守謙、沈心宗、郭玫君、楊崇姍、陳亞玲、蘇拯中提供寶貴意見，讓本書的內容更加充實。由於大華方海龍董事長與黃家德校長的策劃與支持，本書於四十五週年校慶前付梓出版，特致謝忱。

　　　　　　　　　　　　　　　　　　　　　　大華中學董事　陳文瑛

目 次

Contents

目次

Contents

MEMO

知識篇

第一章
邏輯語法

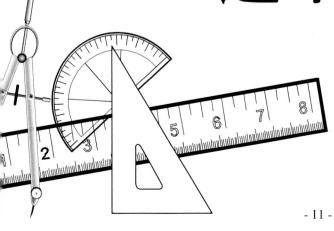

MEMO

第一節

主題論

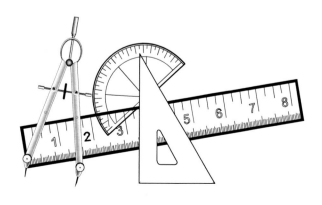

主題一

邏輯語法

數學語句中的「或」與日常習慣使用的「或」在認知上有些差異。

例如：「這本書是我的或是你的？」

日常習慣的認定只有兩種：

一、「是我的，不是你的。」；二、「是你的，不是我的。」

邏輯語法的認定卻有三種情形：除了上述二種外，還有「是你的且是我的。」

這可能與日常生活中，經常習慣性的將問題簡單化有關。

像日常生活中的二人的言談；甲：「我比你高。」；乙：「不對！不對！」。其實，乙心中的想法是你那有我高？你比我矮。以邏輯語法論之：乙犯的錯誤是「甲比乙高」不成立，除了「甲比乙矮」外，還有「兩人一般高」的可能。這也說明 Mr.邏輯先生的嚴謹性格。

有個笑話：把「我們全不是傻瓜」說成「我們不全是傻瓜」。想一想！「我們不全是傻瓜」是否指我們之中一定有人是傻瓜？將「我們全是傻瓜」改成邏輯語法的連接詞（且與或都是連接詞）敘述，再從該敘述的否定敘述判斷吧！

還有幾個笑話：把「我們都是一家人」說成「我們一家都是人」。把「早起的鳥兒有蟲吃」說成「早起的蟲兒被鳥吃」。試著解釋前後兩句對照語的差異。

壹、觀念摘要

邏輯：研究推理規則的科學。

數學語句

    1.敘述：能明確判斷真偽的數學語句。

    2.開放語句：不能明確判斷真偽的數學語句。

主
題
論

或與且（連接詞）

設p、q是二敘述。

1. 敘述p或q以p∨q表示。p與q至少有一為真，p∨q即為真。（有一為真即真）

2. 敘述p且q以p∧q表示。p與q皆為真，p∧q方為真。（二皆真方真）

否定敘述

設p、q是二敘述。

1. p的否定敘述以~p表示。p與~p真偽互見。（一真一偽）

2. p∨q的否定敘述以~（p∨q）表示。~（p∨q）與(~p)∧(~q)同義。

3. p∧q的否定敘述以~（p∧q）表示。~（p∧q）與(~p)∨(~q)同義。

4. 一般而言，p∨q包括p∧q、p∧(~q)與(~p)∧q三種情形。

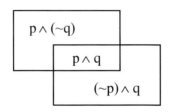

貳、實例解說

1. 設 x 是實數，

|x|≤3 的解是-3≤x≤3。(x≥-3 且 x≤3)

|x|>3 的解是 x<-3 或 x>3。

|x|≤3 的否定敘述是|x|>3。

綜合以上結果，寫出 x≥-3 且 x≤3 的否定敘述。

解：

x≥-3 且 x≤3 的否定敘述是 x<-3 或 x>3。

2. (1)將$(ab=0)$與$(ab \neq 0)$分別以數學符號與連接詞的邏輯語句表示，並說明$\sim(p \vee q)$與
$(\sim p) \wedge (\sim q)$同義。

(2)將$(a^2+b^2=0)$與$(a^2+b^2 \neq 0)$分別以數學符號與連接詞的邏輯語句表示，並說明$\sim(p \wedge q)$與
$(\sim p) \vee (\sim q)$同義。

解：

(1)

$(ab=0)$與$(a=0$ 或 $b=0)$同義；

$(ab \neq 0)$與$(a \neq 0$ 且 $b \neq 0)$同義。

> $(ab \neq 0)$是$(ab=0)$的否定敘述
> $\Rightarrow (a \neq 0$ 且 $b \neq 0)$是$(a=0$ 或 $b=0)$的否定敘述
> $\Rightarrow \sim(a=0 \vee b=0)$與$(\sim(a=0) \wedge \sim(b=0))$同義。

(2)

$(a^2+b^2=0)$與$(a=0$ 且 $b=0)$同義；

$(a^2+b^2 \neq 0)$與$(a \neq 0$ 或 $b \neq 0)$同義。

> $(a^2+b^2 \neq 0)$是$(a^2+b^2=0)$的否定敘述
> $\Rightarrow (a \neq 0$ 或 $b \neq 0)$是$(a=0$ 且 $b=0)$的否定敘述
> $\Rightarrow \sim(a=0 \wedge b=0)$與$(\sim(a=0) \vee \sim(b=0))$同義。

3. 甲、乙、丙三人「全吃素」，以邏輯語句表示是「甲吃素且乙吃素且丙吃素」。三人「不全吃素」是三人「全吃素」的否定敘述，以邏輯語句表示是「甲不吃素或乙不吃素或丙不吃素」。以邏輯語句表達甲、乙、丙三人「全不吃素」與甲、乙、丙三人「不全不吃素」。

解：

甲、乙、丙三人「全不吃素」，以邏輯語句表示是「甲不吃素且乙不吃素且丙不吃素」。
甲、乙、丙三人「不全不吃素」，以邏輯語句表示是「甲吃素或乙吃素或丙吃素」。（「不全不吃素」是「全不吃素」的否定敘述）

4. 設「$a_1=0$ 或 $a_2=0$ 或 $a_3=0$ 或 $a_4=0$」成立，則除了「$a_1=0$ 且 $a_2=0$ 且 $a_3=0$ 且 $a_4=0$」外，還有幾種可能？

解：

「$a_1 \square 0$ 且 $a_2 \square 0$ 且 $a_3 \square 0$ 且 $a_4 \square 0$」每個$\square$有$=$與$\neq$兩種填法，共有$2^4=16$種可能。「$a_1=0$ 或 $a_2=0$ 或 $a_3=0$ 或 $a_4=0$」表示除了「$a_1 \neq 0$ 且 $a_2 \neq 0$ 且 $a_3 \neq 0$ 且 $a_4 \neq 0$」外，其餘的$16-1=15$種可能都成立。除了「$a_1=0$ 且 $a_2=0$ 且 $a_3=0$ 且 $a_4=0$」外，還有14種可能。

5. 設「我是你的老師,也是你的朋友。」不成立,則除了「我不是你的老師,也不是你的朋友。」外,還有那些可能?

解:

「我是你的老師,也是你的朋友。」不成立,表示除了「我不是你的老師,也不是你的朋友。」外,還有「我不是你的老師,但我是你的朋友。」與「我是你的老師,但我不是你的朋友。」兩種可能。

參、題型練習

1. 甲說:「我身高 170 公分且體重 60 公斤。」乙說:「我身高 170 公分或體重 60 公斤。」若甲說假話,乙說真話。分別說明甲、乙兩人身高與體重的真實情況。

解:

2. 敘述 p:a、b、c 全是正數。敘述 q:a、b、c 不全是正數。

   敘述 r:a、b、c 全不是正數。敘述 s:a、b、c 不全不是正數。

   (1)以數學符號與連接詞的邏輯語句寫出敘述 p、敘述 q、敘述 r 與敘述 s。

   (2)四敘述 p、q、r 與 s 中,何者與何者互為否定敘述?

解:

3. 下列何者是 x>1 或 y>1 或 z>1 的否定敘述？

    (1)x<1 且 y<1 且 z<1。   (2)x<1 或 y<1 或 z<1。

    (3)x≤1 且 y≤1 且 z≤1。   (4)x≤1 或 y≤1 或 z≤1。

解：

4. 設 a 是正整數，寫出下列敘述的否定敘述。

    (1)a 是質數且 a 不是 60 的因數。   (2)a 不大於 30 或 a 與 30 互質。

解：

5. (1)以數學符號與連接詞的邏輯語句，寫出(x，y)是坐標平面上第一象限的點。

    (2)以數學符號與連接詞的邏輯語句，寫出(x，y)不是坐標平面上第一象限的點。

解：

主題二

證明方法

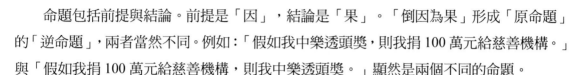

　　命題包括前提與結論。前提是「因」，結論是「果」。「倒因為果」形成「原命題」的「逆命題」，兩者當然不同。例如：「假如我中樂透頭獎，則我捐 100 萬元給慈善機構。」與「假如我捐 100 萬元給慈善機構，則我中樂透頭獎。」顯然是兩個不同的命題。

　　「原命題」成立不代表「逆命題」一定成立，也不代表「逆命題」一定不成立。成立與否必須以證明定調。而一般證明最容易犯的錯誤是以偏概全。例如：「設 n 是大於 2 的整數，證明 n^3-1 不是質數。」不能以有限個數的代入而證明其成立。正確的證明方法是將 n^3-1 分解因式。

　　證明的方法有直接證法（綜合證題法）與反證法（歸謬證法與窮舉證法）兩種。其奧妙皆在於正確的推理。

　　綜合證題法是由「已知」引出線索，將「求證」視為主目標，再由主目標反向思考「欲證求證，只需證何？」的次目標，最後，以推理過程完成線索與次目標的連結。

　　歸謬證法是先假設「求證」反面為真，再導出矛盾的結果。由於推理無誤，顯示假設錯誤，由「求證」反面的錯誤得「求證」為真。

　　窮舉證法是將「求證」反面逐一條列，並逐一否決。假如「求證」與條列者恰有一成真，「求證」自然為真。

　　最後，提供一個似是而非的幾何證明。請各位嘗試找出錯誤的地方。

[已知]P是∠A平分線與 $\overline{BC}$ 中垂線的交點。
[求證] $\overline{AB} = \overline{AC}$ 。

證明

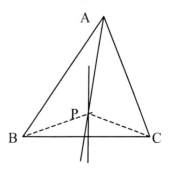

　　1.分別連接P、B與P、C。

　　2.∠BAP=∠CAP。

　　3. $\overline{BP} = \overline{CP}$ 。

　　4. $\overline{AP} = \overline{AP}$ 。

　　5.∠APB與∠APC是鈍角 $\Rightarrow \triangle APB \cong \triangle APC$ 。

　　6. $\overline{AB} = \overline{AC}$ 。

壹、觀念摘要

命題：

設p、q是二敘述。

1. 若p則q的敘述，記作p→q。p是前提，q是結論。除p真，q不真外，p→q皆真。

2. p→q為原命題，則q→p為逆命題；~p→~q為否命題；~q→~p為否逆命題。原命題與否逆命題同真偽。

3. p→q為真，記作p⇒q。p是q的充分條件；q是p的必要條件。

4. p⇒q且q⇒p，記作p⇔q。p是q的充要條件；q是p的充要條件。

證題法：

1. 直接證法（綜合證題法）

由命題的前提，利用數學定義與定理等，經邏輯推理，證得命題的結論成立。

2. 反證法（歸謬證法與窮舉證法）

假設命題的結論不成立，利用數學定義與定理等，經邏輯推理，證得與命題的前提或已知定理出現矛盾現象。（利用原命題與否逆命題同真偽的事實）

貳、實例解說

1. 寫出「若天下雨，則我打傘」的否命題、逆命題與否逆命題。

解：

「若天下雨，則我打傘」的否命題是「若天不下雨，則我不打傘」。

「若天下雨，則我打傘」的逆命題是「若我打傘，則天下雨」。

「若天下雨，則我打傘」的否逆命題是「若我不打傘，則天不下雨」。

2. a 是大於 2 的整數 $\Rightarrow a^2-1$ 不是質數。試證之。

解：

a 是大於 2 的整數 $\Rightarrow a^2-1=(a+1)(a-1)$，$a+1>3$，$a-1>1 \Rightarrow a^2-1$ 不是質數。

3. a 是整數⇒a、a+1、a+2 恰有一個是 3 的倍數。試證之。

解：

a 是整數⇒a=3k 或 a=3k+1 或 a=3k+2，k 是整數。

Case1. a=3k、a+1=3k+1、a+2=3k+2 中恰有一個是 3 的倍數。

Case2. a=3k+1、a+1=3k+2、a+2=3k+3=3(k+1)中恰有一個是 3 的倍數。

Case3. a=3k+2、a+1=3k+3=3(k+1)、a+2=3k+4 中恰有一個是 3 的倍數。

4. 證明 $\sqrt{2}+\sqrt{3} \neq \sqrt{5}$

解：

$\sqrt{2}+\sqrt{3}=\sqrt{5} \Rightarrow (\sqrt{2}+\sqrt{3})^2=(\sqrt{5})^2 \Rightarrow 5+2\sqrt{6}=5 \Rightarrow 2\sqrt{6}=0$。由反證法得證。

5. 設 a 是正整數，a^2 是奇數⇒a 是奇數。試證之。

解：

a 不是奇數⇒a 是偶數⇒a=2n，n 是整數⇒$a^2=4n^2$ 是偶數。由反證法得證。

6. 如圖，$\overline{AD}$ 平分∠BAC，證明 $\overline{AB}:\overline{AC}=\overline{BD}:\overline{CD}$。

（此性質為「△內角平分線比例性質」）

證明

過 C 作 $\overline{AD}$ 的平行線交直線 BA 於 E。$\overline{AD}$ 平分∠BAC⇒∠1=∠2。

$\overline{AD} /\!/ \overline{CE} \Rightarrow ∠1=∠4，∠2=∠3 \Rightarrow ∠3=∠4 \Rightarrow \overline{AE}=\overline{AC}$。

$\overline{AB}:\overline{AC}=\overline{AB}:\overline{AE}=\overline{BD}:\overline{CD}$。

7.「已知四邊形 ABCD 的四內角都是整數，∠A>∠B>∠C>∠D，求∠D 的最大值。」

  (1)下列方法求出的結果是錯誤的，請寫出正確的答案。

    ∠A+∠B+∠C+∠D=360°。 ∠A>∠B>∠C>∠D⇒∠A+∠B+∠C+∠D>4∠D

    ⇒360°>4∠D⇒90°>∠D⇒∠D 的最大值是 89°。

  (2)利用∠D=x°，∠C=(x+1)°，∠B=(x+2)°，∠A=(x+3)°，求正確的答案。

解：

  (1)∠D 的最大值是 89°，∠A+∠B+∠C+∠D=360°⇒∠A+∠B+∠C=271°。

    ∠A>∠B>∠C>89°⇒∠A+∠B+∠C=271°無解。 ∠D的最大值不是89°。

    取∠D=88°，∠A+∠B+∠C+∠D=360°⇒∠A+∠B+∠C=272°。

    ∠A>∠B>∠C>88°⇒∠A+∠B+∠C=272°有∠A=89°、∠B=90°、∠C=93°的解。

    ∠D的最大值是88°。

  (2)x+(x+1)+(x+2)+(x+3)=360⇒4x=354⇒x=88.5。

    取∠D=88°，∠A+∠B+∠C+∠D=360°⇒∠A=89°、∠B=90°、∠C=93°。

    ∠D的最大值是88°。

參、題型練習

1. 寫出「若我是你父親，則我給你 10 元。」的否命題、逆命題與否逆命題。

解：

2. (1)某無色溶液 X 加入微量酒精就呈現紅色，今將飲料 A 取適量倒入 X，X 仍無色。飲料 B 取適量倒入 X，X 呈現紅色。能否斷定飲料 A 不含酒精？能否斷定飲料 B 確含酒精？

  (2)若無色溶液 X 只有在加入微量酒精會呈現紅色，今將飲料 B 取適量倒入 X，X 呈現紅色。能否斷定飲料 B 確含酒精？

解：

3. 已知 a 是整數，證明

   (1)a 是 3 的倍數 $\Rightarrow a^2$ 是 3 的倍數。   (2)a^2 是 3 的倍數 $\Rightarrow$ a 是 3 的倍數。

解：

4. 設 n 是正整數，證明 n^2-2 不是 3 的倍數。

解：

5. 已知 a、b 是正數，證明

   (1)$a>b \Rightarrow a^2>b^2$。   (2)$a^2>b^2 \Rightarrow a>b$。

解：

6. 如圖，$\overline{AD}$ 平分 $\angle CAE$，證明 $\overline{AB}：\overline{AC}＝\overline{BD}：\overline{CD}$。

   （此性質為「△外角平分線比例性質」）

解：

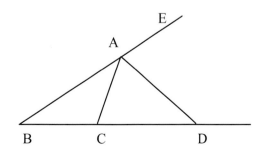

主
題
論

7. 如圖，$\overline{AD}$ 是△ABC 的中線，G 是重心，證明 $\overline{AG}$ ： $\overline{GD}$ =2:1。

（此性質為「△重心性質」）

解：

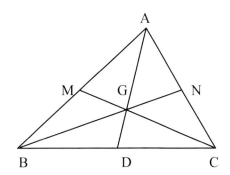

8. 如圖，正方形紙張ABCD對摺後復原，產生摺痕 $\overline{EF}$ 。沿著 $\overline{CH}$ 對摺使得D落在 $\overline{EF}$ 上，

證明∠GCH=30°。

解：

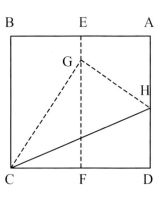

主題三

鴿籠定理

　　十隻鴿子分配到六個鴿籠，至少有一個鴿籠有二隻以上（含二隻）的鴿子。如此淺顯的道理，就是赫赫有名的「鴿籠定理」。

　　以實務言之，台北市二百餘萬人至少有二人同年同月同日生。Why？一年 365 天（閏年 366 天），一百年約 36500 天。就算百歲人瑞很多。將 2000000 人分配給 36500 天，至少有一天屬於二個以上的台北市民。

　　有些數學的驗證是證明「存在」；有些則是證明「唯一」。當然也可能證明「存在」且「唯一」。「鴿籠定理」在數學應用以證明「存在」為主。

　　舉一個數學實例的證明：「設 n 是正整數，10^n-1 中至少有一個是 17 的倍數。」

　　10^1-1、10^2-1、……、$10^{18}-1$ 共 18 個數，此 18 個數分別除以 17 的餘數只有 17 種可能

$\Rightarrow 10^1-1$、10^2-1、……、$10^{18}-1$ 除以 17 的餘數中，至少有二個相等。

　　設 10^a-1 與 10^b-1 除以 17 的餘數都是 r，$1 \le b < a \le 18 \Rightarrow 10^a-1=17q_1+r$，$10^b-1=17q_2+r$

$\Rightarrow (10^a-1)-(10^b-1)=(17q_1+r)-(17q_2+r) \Rightarrow 10^a-10^b=17(q_1-q_2)$

$\Rightarrow 10^b(10^{a-b}-1)=17(q_1-q_2) \Rightarrow 17$ 是 $10^b(10^{a-b}-1)$的因數。

　　17 不是 10^b 的因數$\Rightarrow$17 是$(10^{a-b}-1)$的因數。取 n=a-b，10^n-1 是 17 的倍數。

壹、觀念摘要

鴿籠定理：

　　設有n隻鴿子棲息在m個鴿籠裡，當n>m時，則至少有一個鴿籠棲息2隻或2隻以上的鴿子。

證明：

　　設m個鴿籠分別有x_1、x_2、……、x_m隻鴿子。$x_1+x_2+……+x_m=n$，x_i是正整數或0。

　　設「至少有一個鴿籠棲息2隻或2隻以上的鴿子」不成立

$\Rightarrow$（$x_1 \ge 2$或$x_2 \ge 2$或……或$x_m \ge 2$）不成立$\Rightarrow x_1 \le 1$，$x_2 \le 1$，……，$x_m \le 1$

$\Rightarrow x_1+x_2+……+x_m \le m$。$x_1+x_2+……+x_m=n \Rightarrow n \le m$，與已知不合。由反證法得證。

主
題
論

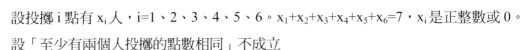

貳、實例解說

1. 七個人分別投擲一粒骰子，則至少有兩個人投擲的點數相同。試證之。

解：

設投擲 i 點有 x_i 人，i=1、2、3、4、5、6。$x_1+x_2+x_3+x_4+x_5+x_6=7$，$x_i$ 是正整數或 0。

設「至少有兩個人投擲的點數相同」不成立

⇒（$x_1 \geq 2$ 或 $x_2 \geq 2$ 或……或 $x_6 \geq 2$）不成立⇒$x_1 \leq 1$，$x_2 \leq 1$，……，$x_6 \leq 1$

⇒$x_1+x_2+\cdots\cdots+x_6 \leq 6$，與 $x_1+x_2+x_3+x_4+x_5+x_6=7$ 不合。由反證法得證。

2. 有九個人，年齡最小的 15 歲；最大的 18 歲，則至少有三個人同年齡。試證之。

解：

設 15 歲、16 歲、17 歲與 18 歲有 x_1、x_2、x_3 與 x_4 人。$x_1+x_2+x_3+x_4=9$，x_i 是正整數或 0。

設「至少有三個人同年齡」不成立⇒（$x_1 \geq 3$ 或 $x_2 \geq 3$ 或 $x_3 \geq 3$ 或 $x_4 \geq 3$）不成立

⇒$x_1 \leq 2$，$x_2 \leq 2$，$x_3 \leq 2$，$x_4 \leq 2$⇒$x_1+x_2+x_3+x_4 \leq 8$，與 $x_1+x_2+x_3+x_4=9$ 不合。由反證法得證。

3. 設 a、b、c、d、e 五個正整數除以 3 的餘數分別是 a′、b′、c′、d′、e′，則 a′、b′、c′、d′、e′至少有二個相等。試證之。

解：

設「a′、b′、c′、d′、e′至少有二個相等」不成立⇒a′、b′、c′、d′、e′是相異五個正整數。

但 a′、b′、c′、d′、e′只可能是 0 或 1 或 2，與 a′、b′、c′、d′、e′是相異五個正整數不合。

由反證法得證。

參、題型練習

1. 將△分成直角△、銳角△與鈍角△三類。

   (1)若有四個△，則至少有二個△同類。試證之。

   (2)若有七個△，則至少有三個△同類。試證之。

解：

2. 將坐標平面分成第一象限、第二象限、第三象限、第四象限、x 軸與 y 軸六個區域。今坐標平面上有八個點，則至少有二個點在同一區域。試證之。

解：

3. (1)設 p 是異於 2、5 的質數，證明存在一個正整數 n，使得 p 是 10^n-1 的因數。

   (2)設 p、q 是異於 2、5 的相異質數，利用(1)的結果，證明存在一個正整數 n，使得 pq 是 10^n-1 的因數。

解：

4. (1)如圖，長方形紙張的長邊 a_1、短邊 a_2，$a_1 > a_2$，a_1、a_2 是正整數。平行短邊 a_2 連續剪下正方形，直到剩下另一個長方形紙張，其長邊 a_2、短邊 a_3，$a_2 > a_3$。依照相同的方式繼續進行，……。證明最後一定能裁剪出有限個正方形。即存在一正整數 n，使得 $a_n = 0$，$a_{n-1} \neq 0$。

   (2)承上題，設 $a_1 = 150$、$a_2 = 13$，求正整數 n，使得 $a_n = 0$，$a_{n-1} \neq 0$。

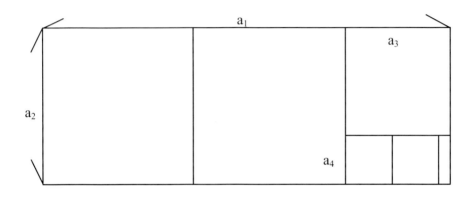

   解：

主題四

高斯記號

正數的「高斯記號」即一般所謂的「去尾法」。例如：[12.34]=12。

0 的「高斯記號」仍是 0。即[0]=0。

將負數改寫成-a+b，其中 a 是正整數，0≤b<1。其「高斯記號」為-a。

例如：-1.25=-2+0.75⇒[-1.25]=-2。

「高斯記號」主要用途是計算範圍內的某正整數倍數個數。

例如：四位數中，13 的倍數有多少個？解法如下：

四位數最小是 1000，最大是 9999。13 的倍數有$[\frac{9999}{13}]-[\frac{999}{13}]=769-76=693$ 個。

級距固定的累加收費（如依里程計算的 Taxi 收費等），其計算也可用「高斯記號」處理。此外，會員間互選代表，究竟獲得多少票才能宣告篤定當選？這類問題可視為「高斯記號」比較特別的應用。

例如：100 名會員，每人一票，選出七名代表，請問至少獲得多少票可篤定當選？

將七名代表外的選票集中，本題可以解讀成八位候選人中選出七名代表，八人中只要不排名第八就篤定當選。篤定當選的票數是$[\frac{100}{8}]+1=13$ 票。

本題以「驗算」方式即可瞭解其意義：

Case1. 某會員獲得 12 票時，有可能另有 4 名會員獲得 13 票，另有 3 名會員獲得 12 票。此會員無法宣告篤定當選。

Case2. 某會員獲得 13 票時，就算另有 6 名會員只獲得 13 票，此會員一定擠入前七名。可宣告篤定當選。

以算式表示：設當選者的票數與落選者票數和依序排列是 $x_1 \geq x_2 \geq \cdots\cdots \geq x_7 > x$。

$x_1+x_2+\cdots\cdots+x_7+x=100$。設 x=t-1，$x_1=x_2=\cdots\cdots=x_7=t \Rightarrow 7t+(t-1)=100 \Rightarrow 8t=101$

$\Rightarrow 8t>100 \Rightarrow t>12.5 \Rightarrow t$ 最小是 13。依題意驗算，13 是篤定當選的最低票數。

壹、觀念摘要

高斯記號

1. f(x)=[x]，其中[x]是不大於x的最大整數。其圖形如下：

x	……	$-2 \leq x < -1$	$-1 \leq x < 0$	$0 \leq x < 1$	$1 \leq x < 2$	……
[x]	……	-2	-1	0	1	……

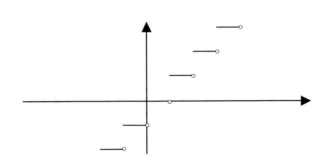

貳、實例解說

1. 「求 77 至 259 中，13 的倍數有多少個？」下列三種方法，那些是正確的？

   (1)數線上，77 至 259 的距離是 259-77=182⇒182÷13=14……0⇒

   　　13 的倍數有 14+1=15 個。

   (2)77 至 259 中，13 的倍數最小是 13‧6，最大是 13‧19。

   　　13 的倍數有 19-6+1=14 個。

   (3)從 1 至 259，13 的倍數有$[\frac{259}{13}]$=19。從 1 至 76，13 的倍數有$[\frac{76}{13}]$=5。

   　　13 的倍數有 19-5=14 個。

解：

　　(2)，(3)。

2. 小於 1000 的正整數中，

(1)能被 2 或 3 整除的有多少個？

(2)不能被 2 整除，也不能被 3 整除的有多少個？

解：

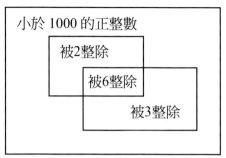

(1)$[\frac{999}{2}]+[\frac{999}{3}]-[\frac{999}{6}]=499+333-166=666$。

小於 1000 的正整數中，能被 2 或 3 整除的有 666 個。

(2)$999-([\frac{999}{2}]+[\frac{999}{3}]-[\frac{999}{6}])=999-666=333$。

小於 1000 的正整數中，不能被 2 整除，也不能被 3 整除的有 333 個。

3. 從 1、2、3、……寫到 8888，

(1)個位數字的 0 寫了多少個？　　(2)十位數字的 0 寫了多少個？

(3)百位數字的 0 寫了多少個？　　(4)總共寫了多少個 0？

解：

(1)個位數字為 0 的數有 10、20、30、……、8880。

個位數字的 0 寫了 $[\frac{8888}{10}]=888$ 個。

(2)十位數字為 0 的數有 10□、20□、30□、……、880□。

十位數字的 0 寫了 $[\frac{8888}{100}]×10=880$ 個。

(3)百位數字為 0 的數有 10□□、20□□、30□□、……、80□□。

百位數字的 0 寫了 $[\frac{8888}{1000}]×100=800$ 個。

(4)888+880+800=2568。總共寫了 2568 個 0。

4. 計程車起程在 900 公尺內收費 70 元，到達 900 公尺第一次跳表，以後每隔 300 公尺跳表一次。每次跳表加收 5 元。

(1)搭乘計程車 850 公尺，需付車資多少元？

(2)搭乘計程車 4000 公尺，需付車資多少元？

(3)搭乘計程車 x 公尺(x≥900)，以高斯記號表示需付車資多少元？

解：

(1)需付車資 70 元。

(2)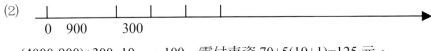

     (4000-900)÷300=10……100。需付車資 70+5(10+1)=125 元。

(3)$70+5([\dfrac{x-900}{300}]+1)$元。

5. 依下列條件，每位會員投一票互選，請問至少獲得多少票才能篤定當選？

(1)50 名會員選出 4 位代表。　　　　　　(2)50 名會員選出 5 位代表。

(3)以高斯記號表示 50 名會員選出 x 位代表(x<50)。

解：

(1)設將四位代表以外的票集中,篤定當選必須是得票數在四位代表與集中票之五者中不可殿後。50÷5=10……0，至少獲得 10+1=11 票才能篤定當選。

(2)設將五位代表以外的票集中,篤定當選必須是得票數在五位代表與集中票之六者中不可殿後。50÷6=8……2，至少獲得 8+1=9 票才能篤定當選。

(3)$[\dfrac{50}{x+1}]+1$。

另解：

(1)設當選者的票數與落選者票數和依序排列是 $x_1 \geq x_2 \geq x_3 \geq x_4 > x$。

    $x_1+x_2+x_3+x_4+x=50$。設 $x=t-1$，$x_1=x_2=x_3=x_4=t \Rightarrow 4t+(t-1)=50 \Rightarrow 5t=51 \Rightarrow 5t>50$

    $\Rightarrow t>10 \Rightarrow t$ 最小是 11。依題意驗算，11 是篤定當選的最低票數。

(2)設當選者的票數與落選者票數和依序排列是 $x_1 \geq x_2 \geq x_3 \geq x_4 \geq x_5 > x$。

    $x_1+x_2+x_3+x_4+x_5+x=50$。設 $x=t-1$，$x_1=x_2=x_3=x_4=x_5=t \Rightarrow 5t+(t-1)=50 \Rightarrow 6t=51 \Rightarrow 6t>50$

    $\Rightarrow t>8…… \Rightarrow t$ 最小是 9。依題意驗算，9 是篤定當選的最低票數。

參、題型練習

1. (1)以高斯記號表示 1、2、3、……、40 中 3 的倍數的個數。

   (2)以高斯記號表示 41、42、43、……、90 中 3 的倍數的個數。

解：

2. 自 A 點，每隔 10 個單位種植一棵樹。分別求出下列二圖種樹的數目。

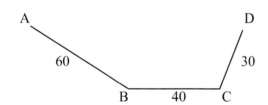 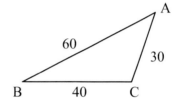

解：

3. 不大於 100 的自然數中，與 12 互質者有多少個？

解：

4. 從 1、2、3、……寫到 666。

   (1)個位數字的 5 寫了多少個？　　　(2)十位數字的 5 寫了多少個？

   (3)百位數字的 5 寫了多少個？　　　(4)總共寫了多少個 5？

解：

5. 旅客搭乘飛機，航空公司規定個人托運行李 6 公斤以下（不含 6 公斤）免費，超過 6 公斤的收費方式是 6-8 公斤（含 6 公斤，不含 8 公斤）收費 15 元，8-10 公斤（含 8 公斤，不含 10 公斤）再增收 15 元，……，以後每增加 2 公斤增收費用 15 元。

(1)某人托運行李 16.6 公斤，應付費用多少元？

(2)某人托運行李 x 公斤(x>6)，應付費用多少元？

解：

6. 250 枚 1 元硬幣分散到 A、B、C、D、E、F 六個樸滿。從六個樸滿中選出錢數領先的四個，請問樸滿 A 至少應有多少元，可篤定其錢數為領先的四個之一？

解：

7. 設 a、b 是正整數，a 除以 b 的商以高斯記號寫成 $[\dfrac{a}{b}]$，餘數寫成 $a-b \times [\dfrac{a}{b}]$。

今有長方形紙張，長 60 公分；寬 7 公分，利用高斯記號，此長方形紙張最少能裁剪成若干個正方形紙張？

解：

主題五

加法與乘法原理

加法原理是事件的分割。事件分割的原則是原事件由各事件合併而成且各事件中兩兩皆不重疊。如下圖之 p_1、p_2、……、p_n 為事件 p 的一種分割。

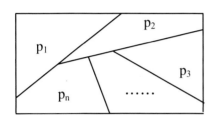

簡言之，加法原理的應用就是將數學問題分成 Case1，Case2，……後處理。

例如：「設 n 是正整數，證明 3 不是 n^2+7 的因數。」

3k、3k+1、3k+2（k 是正整數）是正整數的一種分割。

Case1. $n=3k \Rightarrow n^2+7=9k^2+7=3(3k^2+2)+1 \Rightarrow 3$ 不是 n^2+7 的因數。

Case2. $n=3k+1 \Rightarrow n^2+7=(3k+1)^2+7=9k^2+6k+8=3(3k^2+2k+2)+2 \Rightarrow 3$ 不是 n^2+7 的因數。

Case3. $n=3k+2 \Rightarrow n^2+7=(3k+2)^2+7=9k^2+12k+11=3(3k^2+4k+3)+2 \Rightarrow 3$ 不是 n^2+7 的因數。

乘法原理是將事件分成幾個階段來完成。其應用是將數學問題分成 Step1，Step2，……後處理。

例如：「如圖，由 A 到 B 是垃圾車的路線，每一路段都得經過且同一路段只走一回，請問走法有幾種？」

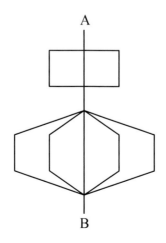

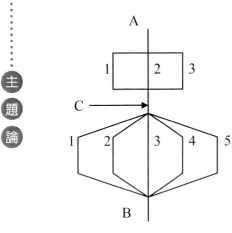

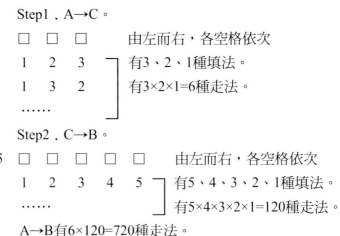

Step1．A→C。

□　□　□　　由左而右，各空格依次

1　　2　　3　　有3、2、1種填法。

1　　3　　2　　有3×2×1=6種走法。

……

Step2．C→B。

□　□　□　□　□　　由左而右，各空格依次

1　2　3　4　5　有5、4、3、2、1種填法。

……　有5×4×3×2×1=120種走法。

A→B有6×120=720種走法。

「數學歸納法」的原理類似「骨牌效應」，證明也應用乘法原理，其步驟為：

Step1. n=1 時，原式成立。

Step2. n=k 時，原式成立⇒n=k+1 時，原式成立。

再舉一實例：「設 n 是正整數，證明 $n(n^2+5)$ 是 6 的倍數。」

Step1. $n=1 \Rightarrow n(n^2+5)=6$ 為 6 的倍數。

Step2. n=k 成立⇒$k(k^2+5)$為 6 的倍數⇒$k(k^2+5)=6m$

$\Rightarrow (k+1)[(k+1)^2+5]=(k+1)(k^2+2k+6)=(k+1)[(k^2+5)+(2k+1)]$

$=k(k^2+5)+(k^2+5)+(k+1)(2k+1)=6m+3k^2+3k+6=6m+3k(k+1)+6$ 為 6 的倍數

⇒n=k+1 原式成立。

由數學歸納法得證。

本題也可以應用加法原理證明：

Case1. n 是奇數⇒$n=2k-1 \Rightarrow n(n^2+5)=(2k-1)[(2k-1)^2+5]=(2k-1)(4k^2-4k+6)$

$=(2k-1)[(2k)(2k-2)+6]=(2k-2)(2k-1)(2k)+6(2k-1)$。

三連續整數 2k-2、2k-1、2k 至少有一個 2 的倍數；必有一個 3 的倍數

⇒(2k-2)(2k-1)(2k)是 6 的倍數⇒(2k-2)(2k-1)(2k)+6(2k-1)是 6 的倍數。

Case2. n 是偶數⇒$n=2k \Rightarrow n(n^2+5)=(2k)(4k^2+5)=(2k)[(2k-1)(2k+1)+6]$

$=(2k-1)(2k)(2k+1)+6(2k)$。

三連續整數 2k-1、2k、2k+1 至少有一個 2 的倍數；必有一個 3 的倍數

⇒(2k-1)(2k)(2k+1)是 6 的倍數⇒(2k-1)(2k)(2k+1)+6(2k)是 6 的倍數。

壹、觀念摘要

加法原理：事件的分門別類。其原則為「面面俱到」與「避免重疊」。
乘法原理：事件的依流程而分階段實施。其原則為「步驟分明」與「連貫順暢」。

主
題
論

貳、實例解說

1. 甲、乙、丙三人談年齡。每人講三句話，其中兩句真話，一句假話。

   甲說：「我今年 22 歲，我比乙小兩歲，比丙大一歲。」

   乙說：「我不是年齡最小的，我與丙差三歲，丙今年 25 歲。」

   丙說：「我比甲小，甲今年 23 歲，乙比甲大三歲。」請推算三人的年齡。

解：

設甲、乙、丙三人分別是 x 歲，y 歲，z 歲。

Case1. $x=22$，$x=y-2$，$x=z+1$ 恰有二為真。

Case2. $y>x$ 或 $y>z$，$y=z-3$ 或 $y=z+3$，$z=25$ 恰有二為真。

Case3. $z<x$，$x=23$，$y=x+3$ 恰有二為真。

設 Case1. $x=22$ 為真。$y=24$，$z=21$ 恰有一為真……①。

　　Case3. $x=23$ 不真。$z<x$，$y=x+3$ 皆為真……②。

　　由①，②：得 $z=21$，$y=25$。

　　代入 Case2. $y>x$ 或 $y>z$ 為真，$y=z-3$ 或 $y=z+3$ 不真，$z=25$ 不真。假設錯誤。

設 Case3. $x=23$ 為真。$z<x$，$y=26$ 恰有一為真……①。

　　Case1. $x=22$ 不真。$x=y-2$，$x=z+1$ 皆為真……②。

　　由①，②：得 $y=25$，$z=22$。

　　代入 Case2. $y>x$ 或 $y>z$ 為真，$y=z-3$ 或 $y=z+3$ 為真，$z=25$ 不真。成功。

甲、乙、丙三人分別是 23 歲，25 歲，22 歲。

主

題

論

2. 由 1、2、3、……到 666。

    (1)含 0 的數有多少個？   (2)共寫多少個 0？

解：

    (1)Case1. 1-9：0 個 0。

      Case2. 10-99：9 個 0。

      Case3. 100-599：

                                                       $5 \times 9 + 5 \times 9 + 5 = 95$ 個 0。

      Case4. 600-660：

$1 + 1 \times 9 + 1 \times 6 = 16$ 個 0。

      Case5. 661-666：0 個 0。

      共有 9+95+16=120 個 0。

    (2)Case1. 1-9：0 個 0。

      Case2. 10-99：9 個 0。

      Case3. 100-599：

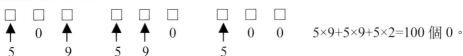

$5 \times 9 + 5 \times 9 + 5 \times 2 = 100$ 個 0。

      Case4. 600-660：

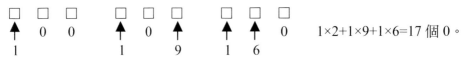

$1 \times 2 + 1 \times 9 + 1 \times 6 = 17$ 個 0。

      Case5. 661-666:0 個 0。

      共寫 9+100+17=126 個 0。

    (2)另解：

      Case1. 666÷10=66…6。個位數字有 0 者，有 10，20，30，……，660。計 66 個。

        個位數字的 0 共寫了 66 個。

      Case2. 666÷100=6…66。十位數字有 0 者，有 10□，20□，30□，……，60□。

        計 6×10=60 個。十位數字的 0 共寫了 60 個。

      共寫了 66+60=126 個 0。

3. 用 0、1、2、3、4、5 做成四位數，數字不重複。

　　(1)共有多少個？　　　　　　　　　(2)其和是多少？

解：

　　(1)

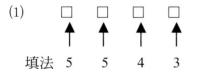

　　　填法　　5　　5　　4　　3　　　共有 5×5×4×3=300 個。

　　(2)Case1. 含千位數字是 0。

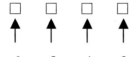

　　　填法　　6　　5　　4　　3　　　共有 6×5×4×3=360 個。

　　　　各位數字 0、1、2、3、4、5 每個數字都出現 360÷6=60 次。

　　　　個位數字的和是(0+1+2+3+4+5)×60=900。

　　　　同理，十位數字、百位數字、千位數字的和都是 900。

　　　　其和是 900×1111=999900。

　　Case2. 千位數字是 0。

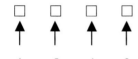

　　　填法　　1　　5　　4　　3　　　共有 5×4×3=60 個。

　　　　各位數字 1、2、3、4、5 每個數字都出現 60÷5=12 次。

　　　　個位數字的和是(1+2+3+4+5)×12=180。

　　　　同理，十位數字、百位數字的和都是 180。

　　　　其和是 180×111=19980。

　　用 0、1、2、3、4、5 做成四位數，數字不重複。其和是 999900-19980=979920。

主
題
論

4. (1)540 的正因數有多少個？　　　　　　　(2)540 的正因數的和是多少？

(3)540 的正因數的積是多少？

解：

(1)Step1. $540=2^2×3^3×5$。

Step2. $2^□×3^□×5^□$是 540 的正因數$\Rightarrow$540 的正因數有(2+1)(3+1)(1+1)=24 個。

(2)540 的正因數的和是$(2^0+2^1+2^2)(3^0+3^1+3^2+3^3)(5^0+5^1)$=7×40×6=1680。

(3)Step1. 540=1×540
$\qquad\quad\ $=2×270　　　共 12 組。
$\qquad\quad\ $=……
$\qquad\quad\ $=……

Step2. 540 的正因數的積是$540^{12}=(2^2×3^3×5)^{12}=2^{24}×3^{36}×5^{12}$。

5. (1)十枚相同的硬幣，每次至少取一個，只取一次，取法有幾種？

(2)十枚不同的硬幣，每次至少取一個，只取一次，取法有幾種？

解：

(1)取 1 枚、取 2 枚、……、取 10 枚。共 10 種取法。

(2)①②③④⑤⑥⑦⑧⑨⑩

每一枚有取與不取二種可能。共 2^{10}-1=1023 種取法。

6. 一元幣六張，五元幣一張，十元幣三張，五十元幣二張，百元幣二張，

(1)付款方式有幾種？　　　　　　　　(2)可付出多少種不同的款額？

解：

(1)一元幣有 7 種取法、五元幣有 2 種取法、十元幣有 4 種取法、五十元幣有 3 種取法、

百元幣有 3 種取法。扣除皆不取幣，共有 7×2×4×3×3-1=503 種付款方式。

(2)逐次調整幣值個數如下：

幣值	1	5	10	50	100	
個數	6	1	3	2	2	（一元幣六張，價值超過五元幣一張）
Step1	11	0	3	2	2	（一元幣十一張，價值超過十元幣一張）
Step2	41	0	0	2	2	（五十元幣二張，價值超過百元幣一張）
Step3	41	0	0	6	0	

扣除皆不取幣，共付出 42×7-1=293 種不同的款額。

7. 如圖，線段所圍成的△，全等者列為一類。

  (1)共有幾類？　　　　　　　　　　(2)各類併計，共有多少個△？

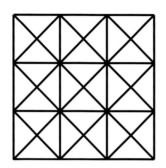

解：

(1) 　Case. 1 單位　　　　　Case2. 2 單位　　　　　　Case3. 4 單位

    Case4. 8 單位　　　　　Case5. 9 單位　　　　　Case6. 18 單位

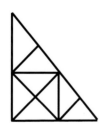　　　　　　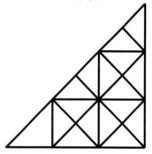

共有 6 類。

(2) 1 單位：4 個方向，每個方向 9 個。4×9=36。

    2 單位：4 個方向，每個方向 9 個。4×9=36。

    4 單位：4 個方向，每個方向 6 個。4×6=24。

    8 單位：4 個方向，每個方向 4 個。4×4=16。

    9 單位：4 個方向，每個方向 2 個。4×2=8。

    18 單位：4 個方向，每個方向 1 個。4×1=4。

    共有 36+36+24+16+8+4=124 個△。

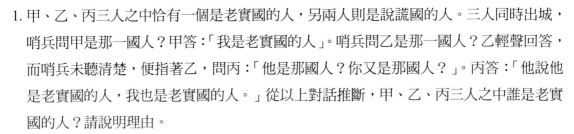
參、題型練習

主
題
論

1. 甲、乙、丙三人之中恰有一個是老實國的人，另兩人則是說謊國的人。三人同時出城，哨兵問甲是那一國人？甲答：「我是老實國的人」。哨兵問乙是那一國人？乙輕聲回答，而哨兵未聽清楚，便指著乙，問丙：「他是那國人？你又是那國人？」。丙答：「他說他是老實國的人，我也是老實國的人。」從以上對話推斷，甲、乙、丙三人之中誰是老實國的人？請說明理由。

   （老實國的人句句實話，說謊國的人句句謊話。）

   解：

2. 設 n 是正整數，證明 n^2-3 不是 4 的倍數。

   解：

3. 從 1、3、5、7、9、……寫到 99 的正奇數。

   (1)含 7 的數有多少個？　　　　　　　(2)共寫了幾個 7？

   解：

主
題
論

4. 用 0、1、2、3、4、5 做成四位數，數字可重複。

　　(1)共有多少個？　　　　　　　　(2)其和是多少？

解：

5. (1)324 的正因數有多少個？　　　　(2)324 的正因數的和是多少？

　　(3)324 的正因數的積是多少？　　　(4)正因數中是完全平方數有幾個？

解：

6. 如圖，線段所圍成的△有多少個？

解：

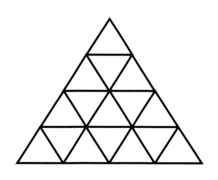

7. 如圖，正五邊形中，線段所圍成的△，全等者列為一類。

(1)共有幾類？　　　　　　　　　(2)各類併計，共有多少個△？

解：

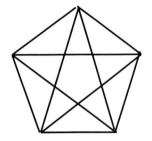

8. 如圖，由 A 到 B 的走法有幾種？但同一點不許經過兩次，且不得向左走。

解：

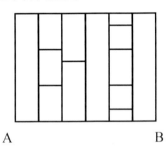

9. 如圖，A、B、C、D、E、F、G 是六個面積是 1 的正方形所組成長方形邊上的七個頂點，則以這七個點為頂點能組成面積為 1 的△有多少個？

解：

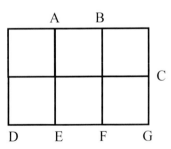

主題六
排容原理

以圖形詮釋「排容原理」：設 n(x)是事件 x 的個數。

如〈圖一〉，將圖形分成三個兩兩不重疊的區域，其個數分別是 a、b 與 c。

$n(p \vee q) = a+b+c$。

$n(p)=a+c$，$n(q)=b+c$，$n(p \wedge q)=c \Rightarrow n(p)+n(q)-n(p \wedge q)=(a+c)+(b+c)-c=a+b+c$。

得 $n(p \vee q)=n(p)+n(q)-n(p \wedge q)\cdots\cdots$①。

如〈圖二〉，將圖形分成七個兩兩不重疊的區域，其個數分別是 a、b、c、d、e、f 與 g。

$n(p \vee q \vee r)=a+b+c+d+e+f+g$。

$n(p)=a+d+f+g$，$n(q)=b+d+e+g$，$n(r)=c+e+f+g$，

$n(p \wedge q)=d+g$，$n(q \wedge r)=e+g$，$n(r \wedge p)=f+g$，$n(p \wedge q \wedge r)=g$

$\Rightarrow n(p)+n(q)+n(r)-n(p \wedge q)-n(q \wedge r)-n(r \wedge p)+n(p \wedge q \wedge r)$

　$=(a+d+f+g)+(b+d+e+g)+(c+e+f+g)-(d+g)-(e+g)-(f+g)+g=a+b+c+d+e+f+g$。

得 $n(p \vee q \vee r)=n(p)+n(q)+n(r)-n(p \wedge q)-n(q \wedge r)-n(r \wedge p)+n(p \wedge q \wedge r)\cdots\cdots$②。

①與②二式為「排容原理」。

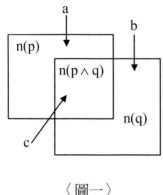

〈圖一〉

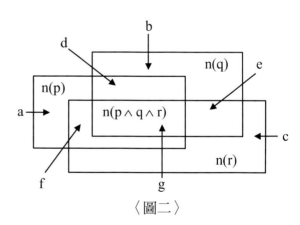

〈圖二〉

　　由〈圖一〉：三事件 $p \wedge q$、$\sim p \wedge q$、$p \wedge \sim q$ 是事件 $p \vee q$ 的一種分割。依加法原理，即 $n(p \vee q)=n(p \wedge q)+n(\sim p \wedge q)+n(p \wedge \sim q)$。

　　由〈圖二〉：七事件 $p \wedge q \wedge r$、$\sim p \wedge q \wedge r$、$p \wedge \sim q \wedge r$、$p \wedge q \wedge \sim r$、$\sim p \wedge \sim q \wedge r$、$\sim p \wedge q \wedge \sim r$、$p \wedge \sim q \wedge \sim r$ 是事件 $p \vee q \vee r$ 的一種分割。依加法原理，即 $n(p \vee q \vee r)=n(p \wedge q \wedge r)+n(\sim p \wedge q \wedge r)$ $+n(p \wedge \sim q \wedge r)+n(p \wedge q \wedge \sim r)+n(\sim p \wedge \sim q \wedge r)+n(\sim p \wedge q \wedge \sim r)+n(p \wedge \sim q \wedge \sim r)$。

　　能判定 $p \lor q \lor r \lor s$ 可以寫成幾個事件的分割？依乘法原理，□∧□∧□∧□的每一空格有 2 種填法，共有 2^4=16 個。扣除$\sim p \land \sim q \land \sim r \land \sim s$，可以寫成 15 個事件的分割。然而以圖形說明「排容原理」相當困難，必須以邏輯語法的觀點詮釋。

　　「排容原理的推廣」可以與邏輯語法的「否定敘述」結合，也可以由集合論的「狄摩根定理」詮釋。在此，以邏輯語法描述「排容原理的推廣」。

n(x)表示事件 x 的個數。

$(\sim p) \land (\sim q)$ 與 $\sim(p \lor q)$ 同義

$\Rightarrow n((\sim p) \land (\sim q))$=全部-$(n(p) \lor n(q))$=全部-$n(p)$-$n(q)$+$n(p \land q)$。

$(\sim p) \land (\sim q) \land (\sim r)$ 與 $\sim(p \lor q \lor r)$ 同義

$\Rightarrow n((\sim p) \land (\sim q) \land (\sim r))$=全部-$(n(p) \lor n(q) \lor n(r))$

　=全部-$n(p)$-$n(q)$-$n(r)$+$n(p \land q)$+$n(q \land r)$+$n(r \land p)$-$n(p \land q \land r)$。

　　以下實例可視為求「小於某正整數且與此數互質的正整數個數」的公式，利用「排容原理的推廣」說明：

　　「90=$2 \times 3^2 \times 5$，小於90且與90互質的正整數有$90(1-\frac{1}{2})(1-\frac{1}{3})(1-\frac{1}{5})$=24個。」

90 與 90 不互質

$\Rightarrow$「小於 90 且與 90 互質的正整數」改成「不大於 90 且與 90 互質的正整數」。

「與 90 互質的正整數」表示「不是 2 的倍數，不是 3 的倍數且不是 5 的倍數。」

「不是 2 的倍數，不是 3 的倍數且不是 5 的倍數」的計算方式：

全部-n(2 的倍數或 3 的倍數或 5 的倍數)

=全部-n(2 的倍數)-n(3 的倍數)-n(5 的倍數)+n(6 的倍數)+n(10 的倍數)+n(15 的倍數)

　-n(30 的倍數)

$=90-[\frac{90}{2}]-[\frac{90}{3}]-[\frac{90}{5}]+[\frac{90}{6}]+[\frac{90}{10}]+[\frac{90}{15}]-[\frac{90}{30}]$

$=90-45-30-18+15+9+6-3$

$=90-45-30-18+15+9+6-3=90(1-\frac{1}{2}-\frac{1}{3}-\frac{1}{5}+\frac{1}{6}+\frac{1}{10}+\frac{1}{15}-\frac{1}{30})$

$=90[(1-\frac{1}{2})-\frac{1}{3}(1-\frac{1}{2})-\frac{1}{5}(1-\frac{1}{2})+\frac{1}{15}(1-\frac{1}{2})]=90(1-\frac{1}{2})(1-\frac{1}{3}-\frac{1}{5}+\frac{1}{15})$

$=90(1-\frac{1}{2})(1-\frac{1}{3})(1-\frac{1}{5})$。

壹、觀念摘要

排容原理

n(x)表示事件x的個數。

$n(p \lor q) = n(p) + n(q) - n(p \land q)$。

$n(p \lor q \lor r) = n(p) + n(q) + n(r) - n(p \land q) - n(q \land r) - n(p \land r) + n(p \land q \land r)$。

排容原理的推廣

$n(\sim p \land \sim q) = 全部 - n(p \lor q) = 全部 - n(p) - n(q) + (p \land q)$。

$n(\sim p \land \sim q \land \sim r) = 全部 - n(p \lor q \lor r)$

$= 全部 - n(p) - n(q) - n(r) + n(p \land q) + n(q \land r) + n(p \land r) - n(p \land q \land r)$。

貳、實例解說

1. 某班全體學生參加第一次月考，在無人缺考的情況下，英文與數學及格人數如下表：

類別	英文及格	數學及格	英文及格且數學及格	英文不及格且數學不及格
人數	40	32	28	7

(1)英文及格且數學不及格有多少人？　　(2)英文不及格且數學及格有多少人？

(3)英文及格或數學及格有多少人？　　(4)班級總人數是多少？

(5)英文不及格或數學不及格有多少人？　　(6)英文不及格有多少人？

(7)數學不及格有多少人？

解：

(1)英文及格且數學不及格有 40-28=12 人。

(2)英文不及格且數學及格有 32-28=4 人。

(3)英文及格或數學及格有 12+28+4=44 人。

(4)班級總人數是 44+7=51。

(5)英文不及格或數學不及格有 51-28=23 人。

(6)英文不及格有 51-40=11 人。

(7)數學不及格有 51-32=19 人。

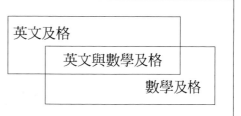

2. (1)60 的正因數有多少個？　　　　　　　(2)72 的正因數有多少個？

　　(3)是 60 的正因數且是 72 的正因數有多少個？

　　(4)是 60 的正因數或是 72 的正因數有多少個？

解：

　　(1)$60=2^2×3×5$，正因數有$(2+1)(1+1)(1+1)=12$ 個。

　　(2)$72=2^3×3^2$，正因數有$(3+1)(2+1)=12$ 個。

　　(3)「60 的正因數且是 72 的正因數」表示「是 12 的正因數」。

　　　$12=2^2×3$，正因數有$(2+1)(1+1)=6$ 個。

　　(4)是 60 的正因數或是 72 的正因數有 12+12-6=18 個。

3. 某班有學生 60 人，在一次抽考國、英、數的考試中，國文及格 41 人；英文及格 39 人；

　　數學及格 42 人；國、英不及格 14 人；英、數不及格 13 人；國、數不及格 11 人；至少

　　一科不及格 29 人。

　　(1)三科都不及格有多少人？　　　　　　(2)至少兩科不及格有多少人？

　　(3)只有國文不及格有多少人？　　　　　　(4)只有英文不及格有多少人？

　　(5)只有數學不及格有多少人？

解：

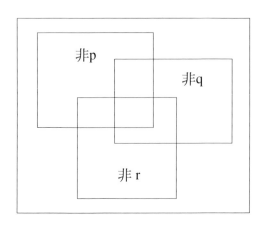

事件 x 的個數以 n(x)表示。

事件 p：國文及格。事件 q：英文及格。事件 r：數學及格。

n(p)=41；n(q)=39；n(r)=42；

n(非 p 且非 q)=14；n(非 q 且非 r)=13；n(非 p 且非 r)=11；

n(非 p 或非 q 或非 r)=29。

(1)n(非 p)=60-41=19；n(非 q)=60-39=21；n(非 r)=60-42=18。

   n(非 p 或非 q 或非 r)=n(非 p)+n(非 q)+n(非 r)

   -n(非 p 且非 q)-n(非 q 且非 r)-n(非 p 且非 r)+n(非 p 且非 q 且非 r)。

   29=19+21+18-14-13-11+n(非 p 且非 q 且非 r)⇒n(非 p 且非 q 且非 r)=9。

   三科都不及格有 9 人。

(2)n(非 p 且非 q)或 n(非 q 且非 r)或 n(非 p 且非 r)

  =n(非 p 且非 q)+n(非 q 且非 r)+n(非 p 且非 r)

  -3n(非 p 且非 q 且非 r)+n(非 p 且非 q 且非 r)=14+13+11-3×9+9=20。

  至少兩科不及格有 20 人。

(3)n(非 p 且 q 且 r)=n(非 p)-n(非 p 且非 q)-n(非 p 且非 r)+n(非 p 且非 q 且非 r)

              =19-14-11+9=3。

  只有國文不及格有 3 人。

(4)n(非 q 且 p 且 r)=n(非 q)-n(非 p 且非 q)-n(非 q 且非 r)+n(非 p 且非 q 且非 r)

              =21-14-13+9=3。

  只有英文不及格有 3 人。

(5)n(非 r 且 p 且 q)=n(非 r)-n(非 r 且非 p)-n(非 r 且非 q)+n(非 p 且非 q 且非 r)

              =18-11-13+9=3。

  只有數學不及格有 3 人。

4. 小於 1000 的正整數中，

　(1)能被 2 或 3 或 5 整除的有多少個？

　(2)能被 2、3 整除但不能被 5 整除的有多少個？

　(3)能被 2 或 3 整除但不能被 5 整除的有多少個？

　(4)不能被 2、3、4、5、6 中任一數整除者有多少個？

解：

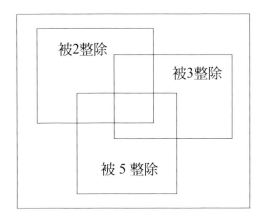

(1)小於 1000 的正整數中，能被 2 整除的有 499 個；能被 3 整除的有 333 個；能被 5 整除的有 199 個；能被 6 整除的有 166 個；能被 10 整除的有 99 個；能被 15 整除的有 66 個；能被 30 整除的有 33 個。

能被 2 或 3 或 5 整除的有 499+333+199-166-99-66+33=733 個。

(2)「能被 2、3 整除但不能被 5 整除」表示「能被 6 整除但不能被 5 整除」。

有 166-33=133 個。

(3)能被 2 或 3 整除有 499+333-166=666 個。

能被 2 或 3 整除且能被 5 整除的有 99+66-33=132 個。

能被 2 或 3 整除但不能被 5 整除的有 666-132=534 個。

(4)「不能被 2、3、4、5、6 中任一數整除者」表示「不能被 2、3、5 中任一數整除」。

有 999-(499+333+199-166-99-66+33)=999-733=266 個。

5. 不大於 120 且與 54 互質的正整數有幾個？

解：

54=2×3³，「與 54 互質」表示「不是 2 的倍數，也不是 3 的倍數。」

不大於 120 的正整數中，是 2 的倍數有 60 個；是 3 的倍數有 40 個；是 6 的倍數有 20 個。不大於 120 且與 54 互質的正整數有 120-(60+40-20)=40 個。

參、題型練習

1. 某班 50 名學生中，患近視者 32 名；患沙眼者 12 名；兩者皆有者 7 名。請問患近視而無沙眼者有多少人？不患近視而患沙眼者有多少人？患近視或沙眼者有多少人？兩者皆無者有多少人？

解：

2. 某大樓共 50 個住戶，訂閱 A 報與 B 報的部份資訊（如下表）。試完成整個表格。

類別	訂閱A報	訂閱B報	訂閱A報且訂閱B報	訂閱A報或訂閱B報
人數	33	27	15	
類別	未訂閱A報	未訂閱B報	未訂閱A報或未訂閱B報	未訂閱A報且未訂閱B報
人數				

解：

3. 112 名學生中，學業成績、體育成績與操行成績都及格的有 20 人；學業成績不及格的有 30 人；體育成績不及格的有 40 人；操行成績不及格的有 50 人；學業成績與體育成績至少一項不及格的有 65 人；學業成績與操行成績至少一項不及格的有 70 人；體育成績與操行成績至少一項不及格的有 75 人。

(1)學業成績與體育成績都不及格的有多少人？

(2)學業成績與操行成績都不及格的有多少人？

(3)體育成績與操行成績都不及格的有多少人？

(4)學業成績、體育成績與操行成績都不及格的有多少人？

(5)學業成績及格的有多少人？

(6)體育成績及格的有多少人？

(7)操行成績及格的有多少人？

(8)學業成績與體育成績都及格的有多少人？

(9)學業成績與操行成績都及格的有多少人？

(10)體育成績與操行成績都及格的有多少人？

(11)學業成績、體育成績與操行成績至少一項及格的有多少人？

解：

4. 小於或等於 120 且與 120 互質的正整數有多少個？

解：

5. 3 的倍數且與 360 的最大公因數是 3 的三位正整數共有多少個？

解：

主題七

商高定理

民國 40 年台灣大學入學（當時還沒有大學聯合招生）考試，數學科試題有一題：「寫出商高定理（畢氏定理）兩種證明方法。」

民國 95 年大學指定考試，數學科（甲）試題：「坐標平面上給定二點 A(1，3) 與 B(5，6)。考慮坐標平面上的點集合 S={P/△PAB 的面積為 10 且周長為 15}，則(1)S 為空集合(2)S 恰含 2 個點(3)S 恰含 4 個點(4)S 為兩線段的聯集(5)S 為兩直線的聯集。」本題在解題過程中也應用到商高定理(畢氏定理)。解答如下：

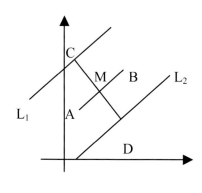

$\overline{AB}$ =5，△PAB=10⇒P在平行 $\overline{AB}$ 的直線L_1或L_2上，L_1，L_2與 $\overline{AB}$ 的距離都是4。

M是 $\overline{AB}$ 的中點，$\overline{MC} \perp L_1$，$\overline{MD} \perp L_2$⇒$\overline{MC} = \overline{MD}$ =4。

$\overline{AC} = \sqrt{4^2 + 2.5^2} = \sqrt{22.5}$ 。

△PAB的周長=15⇒$\overline{PA} + \overline{PB}$ =10。

$10 > 2\sqrt{22.5} \Rightarrow \overline{PA} + \overline{PB} > \overline{AC} + \overline{BC}$ 。

P在L_1上有二點，在L_2上有二點⇒S恰含4個點。

同年大學指定考試，數學科（乙）試題也有一題商高定理（畢氏定理）的應用：「珈慶杯撞球大賽的勝負是這樣決定的：裁判將寬 16 公分，長 7 公分的千元大鈔貼邊放置在長方形球台的左下角，如下圖所示，甲、乙兩參賽者分別擊球，球靜止位置離鈔票中心點較近者獲勝。甲、乙擊球後，裁判拿尺仔細量得甲所擊球停在離球台左緣 23 公分，離球台下邊 39.5 公分處；乙所擊球停在離球台左緣 40 公分，離球台下邊 27.5 公分處。

(1)已知 $\sqrt{1521}$ 是一個正整數，求此正整數。

(2)求甲所擊球停止位置與鈔票中心點的距離。

(3)如果你是裁判，你會判定甲或乙獲勝？理由為何？

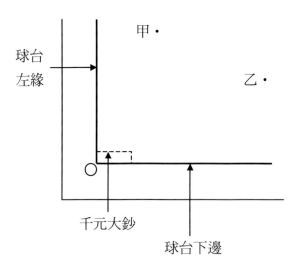

本題請各位自行解答。

壹、觀念摘要

商高定理（畢氏定理）

　　直角△二股長是a與b，斜邊長是c，則$a^2+b^2=c^2$。

貳、實例解說

1. 如圖，正方形 ABCD，$\overline{AE}=\overline{BF}=\overline{CG}=\overline{DH}$，設 $\overline{AE}=a$，$\overline{AH}=b$，$\overline{EH}=c$，證明
   (1)EFGH 是正方形。　　　　　　　　　　　　(2)$a^2+b^2=c^2$。

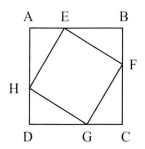

解：

(1)正方形 ABCD$\Rightarrow \overline{AB}=\overline{BC}=\overline{CD}=\overline{AD}$ 。 $\overline{AE}=\overline{BF}=\overline{CG}=\overline{DH}$

$\Rightarrow \overline{AB}-\overline{AE}=\overline{BC}-\overline{BF}=\overline{CD}-\overline{CG}=\overline{AD}-\overline{DH}$

$\Rightarrow \overline{BE}=\overline{CF}=\overline{DG}=\overline{AH}$ 。 $\angle A=\angle B=\angle C=\angle D=90°\Rightarrow \triangle AHE\cong\triangle BEF\cong\triangle CFG\cong\triangle GDH$

$\Rightarrow \overline{HE}=\overline{EF}=\overline{FG}=\overline{GH}$ ， $\angle AHE=\angle BEF$ 。 $\angle BEF+\angle AEH=\angle AHE+\angle AEH=90°$

$\Rightarrow \angle HEF=90°$ 。

同理，$\angle EFG=\angle FGH=\angle GHE=90°$。EFGH 是正方形。

(2)ABCD=EFGH+$\triangle$AHE+$\triangle$BEF+$\triangle$CFG+$\triangle$GDH$\Rightarrow (a+b)^2=c^2+4(\frac{1}{2}ab)\Rightarrow a^2+b^2=c^2$ 。

2.如圖，平截圓柱台的茶杯置於桌面，杯底半徑 $\overline{BE}$長 8 公分，杯口半徑$\overline{AC}$長 10 公分，杯口到桌面距離$\overline{CF}$長 24 公分。今插入一吸管，問吸管最少長多少公分才不致淹沒於盛滿飲料的茶杯中？

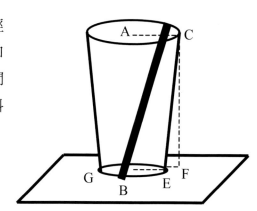

解：

$\overline{CG}=\sqrt{\overline{CF}^2+\overline{FG}^2}=\sqrt{24^2+(10+8)^2}=30$ 。

3. 如圖，圓柱體建築的高度 30 公尺，底周長 40 公尺。由 A 至 B 各連結一條彩帶，分別求出彩帶的最短長度。

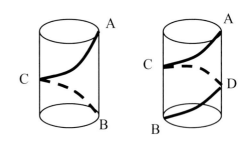

解：

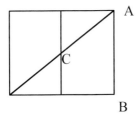

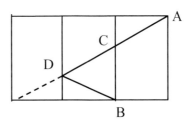

彩帶的最短長度是

$\sqrt{30^2 + 40^2} = 50$ 公尺。

彩帶的最短長度是

$\sqrt{30^2 + 60^2} = 30\sqrt{5}$ 公尺。

4. 如圖，由一個正方形與四個全等的直角三角形組成的正方形瓷磚。若正方形的瓷磚邊長 30 公分，小正方形邊長 6 公分，則直角三角形的的二股長是多少？

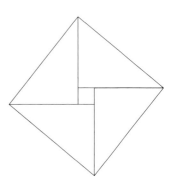

解：

直角三角形的二股長是 x、x-6 公分

$\Rightarrow x^2 + (x-6)^2 = 30^2 \Rightarrow 2x^2 - 12x - 864 = 0$

$\Rightarrow x^2 - 6x - 432 = 0 \Rightarrow (x-24)(x+18) = 0 \Rightarrow x = 24$ 或 x = -18。

直角三角形的二股長是 24、18 公分。

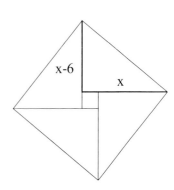

5. 如圖，A、B 分別是某企業的第一與第二加工廠，A、B 與筆直河岸的距離分別是 6 與 14 公里。A、B 相距 17 公里。今在河岸邊設置碼頭 P，使進口原料由 P 到 A，再到 B，製成產品後運回 P。求路徑 $\overline{PA}+\overline{AB}+\overline{BP}$ 的最小值。

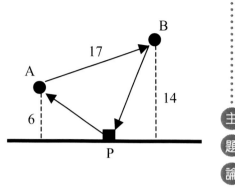

解：

$\overline{CD}=15$，$\overline{DP}:\overline{CP}=3:7 \Rightarrow \overline{DP}=\dfrac{9}{2}$，$\overline{CP}=\dfrac{21}{2}$。

$\overline{AP}=\sqrt{(\dfrac{9}{2})^2+6^2}=\dfrac{15}{2}$。

$\overline{BP}=\sqrt{(\dfrac{21}{2})^2+14^2}=\dfrac{35}{2}$。 $\overline{AP}+\overline{BP}+\overline{CP}=42$。

$\overline{AP}+\overline{BP}+\overline{CP}$ 的最小值是 42 公里。

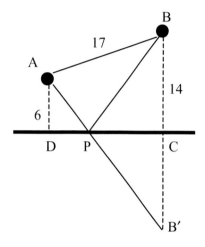

另解：

$\overline{AE}=\sqrt{17^2-(14-6)^2}=15$。

$\overline{AP}+\overline{BP}+\overline{AB'}=\sqrt{15^2+(6+14)^2}=25$。

$\overline{AP}+\overline{BP}+\overline{CP}=25+17=42$。

$\overline{AP}+\overline{BP}+\overline{CP}$ 的最小值是 42 公里。

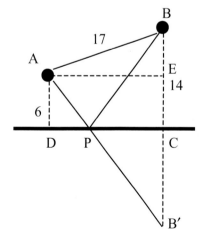

6. 如圖，A、B 二鎮在寬 6 公里運河區的兩側。A 鎮距離運河 3 公里；B 鎮距離運河 12 公里。A、B 二鎮的直線距離 29 公里。欲在運河區上建一座長 6 公里的橋，並由 A 到 B，開闢三個線段組成的公路，則此公路的最短距離為何？

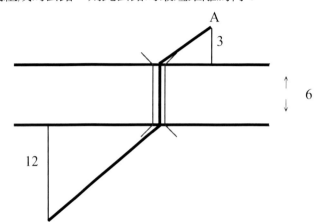

解：

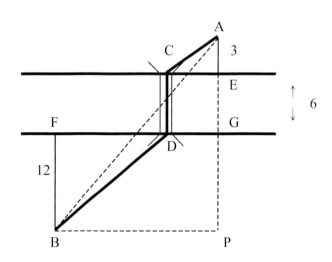

$\overline{AC} /\!/ \overline{BD} \Rightarrow \triangle ACE \sim \triangle BDF \Rightarrow \overline{CE} : \overline{DF} = \overline{GD} : \overline{DF} = 1:4$。

$\overline{BP} = \sqrt{29^2 - (3+6+12)^2} = 20$。

$\overline{CE} = \overline{DG} = 4$。$\overline{DF} = 16$。$\overline{AC} = \sqrt{3^2 + 4^2} = 5$。$\overline{BD} = \sqrt{12^2 + 16^2} = 20$。

$\overline{AC} + \overline{CD} + \overline{BD} = 5+6+20=31$。公路的最短距離是 31 公里。

參、題型練習

1. 如圖，$\triangle ABC$，$\angle BAC=90°$，$\overline{AD} \perp \overline{BC}$。證明
   (1) $\overline{AB}^2 = \overline{BD} \cdot \overline{BC}$。　　　(2) $\overline{AC}^2 = \overline{CD} \cdot \overline{BC}$。
   (3) $\overline{AB}^2 + \overline{AC}^2 = \overline{BC}^2$。
解：

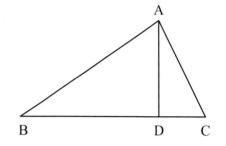

2. 如圖，$\triangle ABD$ 是等腰直角$\triangle$，B 在 $\overline{CE}$ 上，
   $\overline{AC} \perp \overline{CE}$，$\overline{DE} \perp \overline{CE}$，證明 $\overline{AC}^2 + \overline{BC}^2 = \overline{AB}^2$。
解：

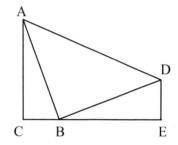

3. 如圖，$\triangle ABC$，$\angle ACB=90°$，
   以$\triangle ABC$ 三邊作正方形 ACGD，
   BCHE 與 ABKF。連接 $\overline{CE}$ 與 $\overline{CD}$。
   (1)證明$\triangle FAC \cong \triangle BAD$。
   (2)證明$\triangle FBC = \triangle BED$。
   (3)證明 ABED=ACBF。
   (4)設 $\overline{AB}=c$，$\overline{BC}=a$，$\overline{AC}=b$，
      證明 $a^2+b^2=c^2$。
解：

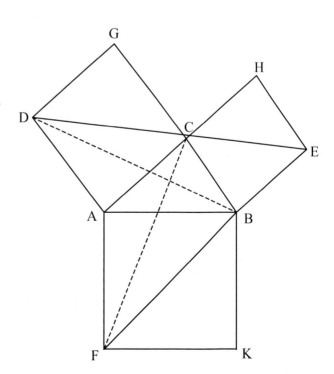

主
題
論

4. 如圖，長 25 公尺的梯子斜靠在垂直於地面的牆
　上，梯底距離牆腳 20 公尺。若梯頂下滑 8 公尺，
　則梯底移動多少公尺？

解：

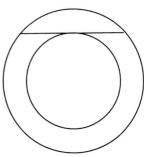

5. 圓形環狀跑道之外圈圓的弦與內圈圓相切，經測量此弦的
　長度是 100 公尺，求環狀跑道的面積。

解：

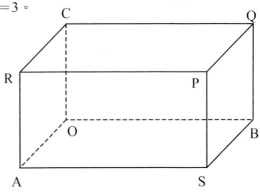

6. 如圖，長方體中，$\overline{OA}=2$，$\overline{OB}=8$，$\overline{OC}=3$。

　(1)一隻螞蟻由 B 沿著長方體表面到達 R，
　　求所走的最短距離。

　(2)一隻蜜蜂由 B 飛到 R，
　　求所飛的最短距離。

解：

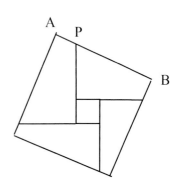

7. 如圖，由一個正方形與四個全等的四邊形組成的正方
　形瓷磚。若正方形的瓷磚邊長 31 公分，小正方形邊長
　5 公分，則四邊形的四邊長除 7 公分與 24 公分外，
　（$\overline{AP}=7$ 公分，$\overline{BP}=24$ 公分）另二邊長是多少？

解：

8. 如圖，置球架的薄木板有圓形洞口，若
   將球放在洞口上，球的最高點與洞口中
   心距離 $\overline{OT}$ 是最低點與洞口中心距離
   $\overline{OB}$ 的 5 倍。請問球半徑是圓形洞口半
   徑的多少倍？

解：

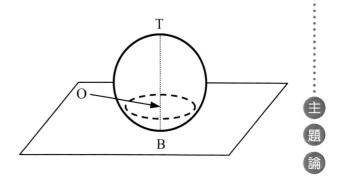

9. 如圖，長方形土地 $\overline{AB}=80$ 公尺，$\overline{AD}=60$ 公尺，
   在 $\overline{CD}$ 上找一點 P，作二條直線步道 $\overline{AP}$ 與 $\overline{BP}$，
   求 $\overline{AP}+\overline{BP}$ 的最小值。

解：

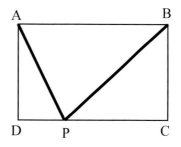

10. 如圖，長 10 公分，寬 8 公分的長方形紙張 ABCD，
    沿著 $\overline{DE}$ 對摺，使得 C 落在 $\overline{AB}$ 上，求 $\overline{BE}$。

解：

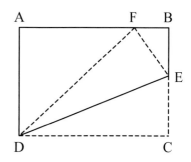

主題八

特殊直角三角形

市面上販售的三角板有兩種形狀：30°-60°-90°直角△與 45°-45°-90°直角△。

如圖，將兩片全等的 30°-60°-90°直角△ABC 與△ACD 並列，拼成正△ABD。

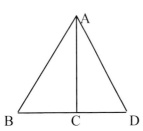

$\overline{BC}=\overline{CD}=1 \Rightarrow \overline{AB}=2$。

由商高定理或正△高的公式，可得

$\overline{AC}=\sqrt{3}$。

即 30°-60°-90°△三邊比是 $1:\sqrt{3}:2$。

45°-45°-90°直角△由商高定理，可得三邊比是 $1:1:\sqrt{2}$。

如圖，將兩片全等的 45°-45°-90°直角△ABC 與△ACD 並列，拼成 45°-45°-90°直角△ABD。

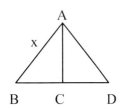

$\overline{BC}=\overline{CD}=1$，$\overline{AB}=x$。

$\triangle ABC \sim \triangle BDA \Rightarrow 1:x=x:2 \Rightarrow x=\sqrt{2}$。

與上述結果相同。

15°-75°-90°△三邊比為何？提供提示，請自行導出。

左圖以 30°-60°-90°△ABC、等腰△ABD 邊長關係與商高定理求得。

右圖以角平分線比例性質與商高定理求得。

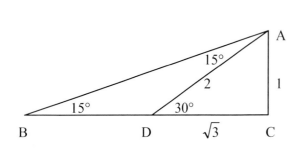

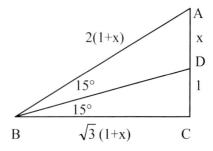

22.5°-67.5°-90°△三邊比為何？提供提示，請自行導出。

左圖以 45°-45°-90°△ABC、等腰△ABD 邊長關係與商高定理求得。

右圖以角平分線比例性質與商高定理求得。

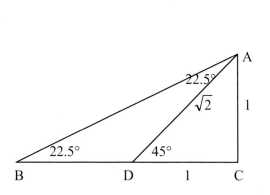

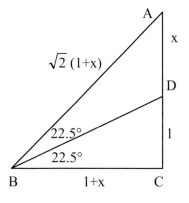

主
題
論

壹、觀念摘要

特殊直角△

1. 等腰直角△三邊比是 $1:1:\sqrt{2}$。

2. 30°-60°-90°△三邊比是 $1:\sqrt{3}:2$。

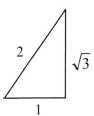

3. 15°-75°-90°△三邊比是 $1:2+\sqrt{3}:\sqrt{6}+\sqrt{2}$

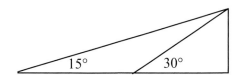

4. 22.5°-67.5°-90°△三邊比是 $1:1+\sqrt{2}:\sqrt{4+2\sqrt{2}}$。

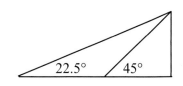

貳、實例解說

1. (1)邊長 12 的正△，求外接圓的半徑與面積。

   (2)邊長 12 的正△，求內切圓的半徑與面積。

解：

(1)正△邊長 a=12，高 $\frac{\sqrt{3}}{2}$ a＝$6\sqrt{3}$。外接圓的半徑 R＝$\frac{2}{3}$($6\sqrt{3}$)＝$4\sqrt{3}$。

  外接圓的面積＝$\pi(4\sqrt{3})^2$＝48π。

(2)正△邊長 a=12，高 $\frac{\sqrt{3}}{2}$ a＝$6\sqrt{3}$。內切圓的半徑 r＝$\frac{1}{3}$($6\sqrt{3}$)＝$2\sqrt{3}$。

  內切圓的面積＝$\pi(2\sqrt{3})^2$＝12π。

2. 如圖，

   (1)邊長 10 的正△，截去三個角，使成為正六邊形，求正六邊形的邊長與面積。

   (2)邊長 10 的正方形，截去四個角，使成為正八邊形，求正八邊形的邊長與面積。

解：

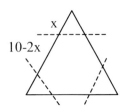 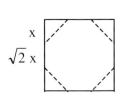

(1)10-2x＝x⇒3x＝10⇒x＝$\frac{10}{3}$，正六邊形的邊長 $\frac{10}{3}$，面積 $6[\frac{\sqrt{3}}{4}(\frac{10}{3})^2]$＝$\frac{50\sqrt{3}}{3}$。

(2)10-2x＝$\sqrt{2}$x ⇒x=10-5$\sqrt{2}$，正八邊形的邊長 $\sqrt{2}$(10-5$\sqrt{2}$)＝$10\sqrt{2}$-10。

  正八邊形的面積 10^2-4$[\frac{(10-5\sqrt{2})^2}{2}]$＝100-300+$200\sqrt{2}$＝$200\sqrt{2}$-200。

3. 如圖，山頂有一塔，塔頂上有一旗竿。已知旗竿高 10 公尺，今在平地某點測得山頂、塔頂、旗竿的仰角分別是 30°、45°與 60°。求山高。

解：

$$\overline{BE} = x \Rightarrow \overline{AB} = \overline{BD} = \sqrt{3}\,x，\ \overline{BC} = 3x。$$

$$(3-\sqrt{3})x = 10 \Rightarrow x = \frac{15+5\sqrt{3}}{3} \Rightarrow \overline{BE} = \frac{15+5\sqrt{3}}{3}。$$

山高是 $\dfrac{15+5\sqrt{3}}{3}$ 公尺。

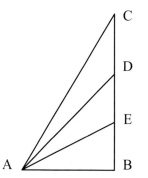

4. 如圖，A、B 兩地相距 2000 公尺，從 A 地看飛機，方向是正北，仰角是 30°；從 B 地看飛機，方向是正東，仰角是 60°。求飛機高度。

解：

$$\overline{CD} = x \Rightarrow \overline{AD} = \sqrt{3}\,x，\ \overline{BD}\ \frac{\sqrt{3}}{3}x。$$

$$(\sqrt{3}\,x)^2 + (\frac{\sqrt{3}}{3}x)^2 = 2000^2 \Rightarrow x^2 = 1200000$$

$$\Rightarrow \overline{CD} = 200\sqrt{30}。飛機高度是 200\sqrt{30} 公尺。$$

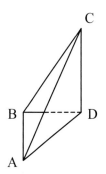

主
題
論

5. 有 A、B、C 三戶人家，$\overline{BC}$=100，
∠ABC=100°，∠ACB=50°。今 A，B，
C 三戶主人仰望空中同一氣球，仰角均
為 15°。求氣球高度。

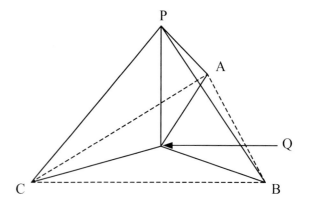

解：

$\triangle PAQ \cong \triangle PBQ \cong \triangle PCQ \Rightarrow \overline{QA} = \overline{QB} = \overline{QC} \Rightarrow$ Q 是 $\triangle ABC$ 的外心。

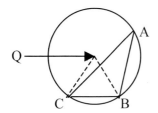 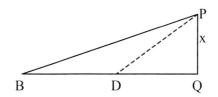

∠ABC=100°，∠ACB=50°⇒∠BAC=30°⇒∠BQC=60°

⇒$\triangle ABC$ 是正△⇒$\overline{QB} = \overline{BC}$=100。

∠PBQ=15°，作∠PDQ=30°。$\overline{PQ} =$x⇒$\overline{PD} = \overline{BD} =$2x，$\overline{DQ} = \sqrt{3}$x。

(2+$\sqrt{3}$)x=100⇒x=200-100$\sqrt{3}$⇒$\overline{PQ}$=200-100$\sqrt{3}$。氣球高度是 200-100$\sqrt{3}$。

參、題型練習

1. (1)邊長 4 的正六邊形的面積為何？

   (2)邊長 4 的正八邊形的面積為何？

解：

2. (1)半徑 6 的圓，其內接正△的周長與面積為何？

　(2)半徑 6 的圓，其外切正△的周長與面積為何？

解：

3. 如圖，一塊邊長 12 公分的正六邊形的瓷磚，去除六
   個著色的等腰三角形，剩下的部分是正十二邊形，
   則正十二邊形的邊長為何？

解：

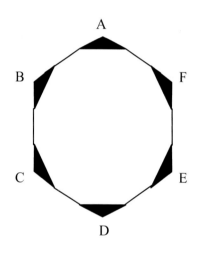

4. 如圖，一長方形的紙張，截去四個全等直角三角形，形成
   正六邊形。請問長方形紙張長與寬的比為何？

解：

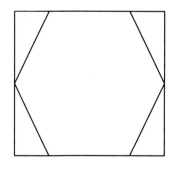

主
題
論

5. 如圖，站在湖中小島的山峰上，看對岸高峰
的仰角是 30°；看湖面，這高峰鏡影的俯角
是 45°，設所站山峰高度為 250 公尺。求對
岸高峰的高度。

解：

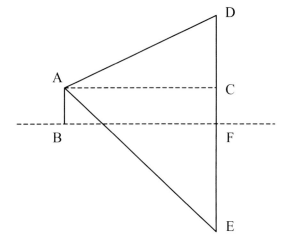

6. 如圖，在塔($\overline{CD}$)正西一點 A 與正南一點 B，測得
塔頂 D 的仰角分別是 30°與 15°，$\overline{CD}$=100。求 $\overline{AB}$。

解：

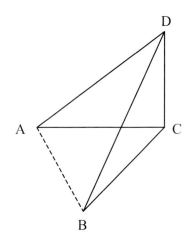

7. 如圖，遠處一座山($\overline{BC}$)，山上有一塔($\overline{AC}$)。
塔高 10 公尺，某人在 D 測得塔頂 A 的仰角是
30°；塔底 C 的的仰角是 15°。求山高。

解：

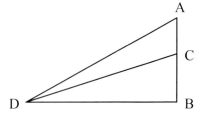

8. 如圖，△ABC，$\overline{AH} \perp \overline{BC}$，M 是 $\overline{BC}$ 中點，$\overline{HM}=10$，
∠BAH=30°，∠CAH=45°。求 △ABC 的面積。

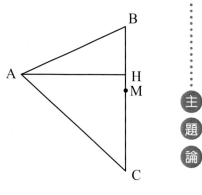

解：

9. 如圖，設甲、乙兩山的山頂分別是 M、N。某
人從 A 沿直線斜坡 $\overline{AN}$ 爬上乙山，$\overline{AN}=800$
公尺。若∠MAN=22.5°，$\overline{AN}$ 的傾斜角是 30°。
此人爬到 N 後，又測得對 M 的仰角是 60°，
∠ANM=90°。求甲山的高。

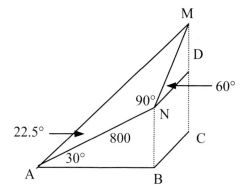

解：

主題九

三角形的心

正△的重心、內心、外心與垂心重合，是「心心相印」。

等腰△的重心、內心、外心與垂心都在底邊的高上，是「心有千千結」。

△的外心、重心與垂心共線，是「一線三心」。

正△「心心相印」的四個心與頂點的距離是正△高的 $\frac{2}{3}$，與邊的距離是高的 $\frac{1}{3}$。

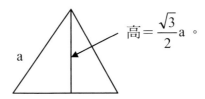

等腰△「心有千千結」的四個心與頂點的距離，以實例說明如下：

如圖，△ABC，$\overline{AB} = \overline{AC} = 13$，$\overline{BC} = 10$，G 是重心；O 是外心；I 是內心；H 是垂心。求 $\overline{GA}$，$\overline{OA}$，$\overline{IA}$ 與 $\overline{HA}$。

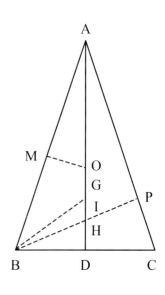

$\overline{AD} = 12$，$\overline{AG} : \overline{GD} = 2:1 \Rightarrow \overline{GA} = 8$。

△AOM∼△ABD

$\Rightarrow \overline{AO} : \overline{AM} = \overline{AB} : \overline{AD} \Rightarrow \overline{OA} = \frac{169}{24}$。

$\overline{AI} : \overline{ID} = 13:5 \Rightarrow \overline{IA} = \frac{26}{3}$。

$\overline{AH} = x$，$\overline{DH} = 12 - x$，$\overline{AH}^2 - \overline{CH}^2 = \overline{AB}^2 - \overline{BC}^2$
$= 169 - 100 = 69 \Rightarrow x^2 - (12-x)^2 - 5^2 = 69 \Rightarrow 24x = 238$

$\Rightarrow x = \overline{HA} = \frac{119}{12}$。

如圖，△的「一線三心」中，垂心 H、重心 G 與外心 O 共線。

分成兩部分證明：

1. 由△AHC∼△NOM，證明 $\overline{AH}=2\overline{ON}$ 。

2. 由 $\overline{AG}:\overline{GN}=2:1$，證明 H、G 與 O 共線。

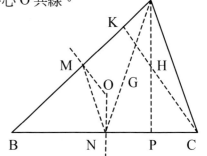

最後，討論△各心有關角度的推算問題。

1. 外心的角度問題。

如圖，O 是△ABC 的外心。

(1)∠A 是銳角⇒∠BOC=2∠A。

(2)∠A 是直角⇒∠BOC=2∠A=180°。

(3)∠A 是鈍角⇒∠A+∠BDC=180°⇒∠A+$\frac{1}{2}$∠BOC=180°⇒∠BOC=360°-2∠A。

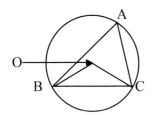
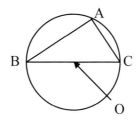
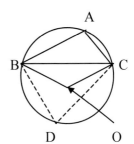

2. 內心的角度問題。

如圖，I 是△ABC 的內心。

∠A=x°→∠ABC+∠ACB→∠IBC+∠ICB→∠BIC，得∠BIC=90°+$\frac{1}{2}$∠A。

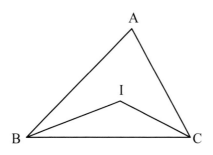

3. **傍心的角度問題。**

如圖，P 是△ABC 的傍心。

$\angle A=x° \rightarrow \angle ABC+\angle ACB \rightarrow \angle DBC+\angle ECB$

$\rightarrow \angle PBC+\angle PCB \rightarrow \angle BPC$，

得 $\angle BPC=90°-\dfrac{1}{2}\angle A$。

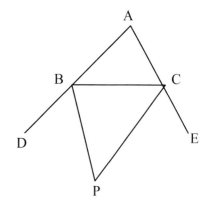

由△內心的角度也可以推得 $\angle BPC=90°-\dfrac{1}{2}\angle A$。

I 是△ABC 的內心 $\Rightarrow \angle BIC=90°+\dfrac{1}{2}\angle A$。

$\angle IBP=\angle ICP=90° \Rightarrow \angle BPC+\angle BIC=180°$

$\Rightarrow \angle BPC=180°-\angle BIC=90°-\dfrac{1}{2}\angle A$。

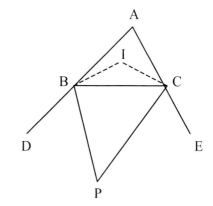

4. **垂心的角度問題。**

如圖，H 是△ABC 的垂心。

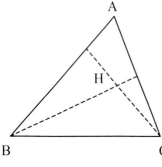 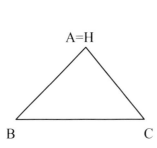 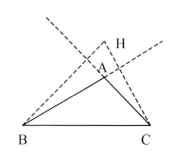

(1)∠A 是銳角 $\Rightarrow \angle BHC+\angle A=180°$。

(2)∠A 是直角 $\Rightarrow \angle BHC+\angle A=180° \Rightarrow \angle BHC=90°$。

(3)∠A 是鈍角 $\Rightarrow \angle BHC+\angle A=180°$。

壹、觀念摘要

△的重心：

1. △三中線交於一點，此點為重心。

2. △一中線將△分成二片面積相等的△。

   △三中線將△分成六片面積相等的△。

   △重心與頂點的連接線段將△分成三片面積相等的△。

3. 重心是分割中線成2:1的內分點。

   （重心是中線上一點，重心到△頂點距離與對邊中點的比是2:1）

△的內心：

1. △三內角平分線交於一點，此點為內心。

2. △內心是內切圓的圓心。（內心到△三邊的距離相等）

3. △內心與頂點的連接線段將△分成的三片△，其面積比等於邊長比。

4. 內心是分割角平分線的內分點。

   （內心是角平分線上一點。Case1. 內心到△頂點距離與角平分線長的比
   等於過頂點二邊長和與△周長的比。Case2. 內心到△頂點距離與到角平
   分線對邊交點長的比等於過頂點二邊和與第三長的比）

△的外心：

1. △三邊中垂線交於一點，此點為外心。

2. △外心是外接圓的圓心。（外心到△三頂點的距離相等）

3. 直角△外心是斜邊中點；銳角△外心在△內部；鈍角△外心在△外部。

△的垂心：

1. △三邊的高交於一點，此點為垂心。

2. 直角△垂心是直角頂；銳角△垂心在△內部；鈍角△垂心在△外部。

△的傍心：

1. △一內角平分線與二外角平分線交於一點，此點為傍心。

2. △傍心有三個，皆在△外部。

貳、實例解說

1. △中線定理：設 $\overline{AM}$ 是△ABC 的中線，則 $\overline{AB}^2 + \overline{AC}^2 = 2(\overline{AM}^2 + \overline{BM}^2)$。試證之。

解：

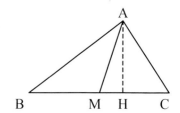

$$\overline{AB}^2 + \overline{AC}^2 = \overline{AH}^2 + \overline{BH}^2 + \overline{AH}^2 + \overline{CH}^2$$
$$= \overline{AH}^2 + (\overline{BM} + \overline{MH})^2 + \overline{AH}^2 + (\overline{BM} - \overline{MH})^2$$
$$= 2\overline{AH}^2 + 2\overline{BM}^2 + 2\overline{MH}^2$$
$$= 2(\overline{AM}^2 + \overline{BM}^2)。$$

2. 直角△內切圓半徑是二股之和與斜邊差的值的一半。試證之。

解：

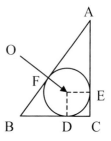

內切圓半徑 r，CDOE 是正方形
$$\Rightarrow \overline{CE} = \overline{CD} = r。\ \overline{AE} = \overline{AF}\ ，\ \overline{BD} = \overline{BF} \Rightarrow \overline{AC} + \overline{BC} - \overline{AF} = 2r$$
$$\Rightarrow r = \frac{\overline{AC} + \overline{BC} - \overline{AB}}{2}。$$

3. 如圖，△ABC，$\overline{AH} \perp \overline{BC}$，D 在 $\overline{AH}$ 上，證明 $\overline{AB}^2 - \overline{BD}^2 = \overline{AC}^2 - \overline{CD}^2$。

解：

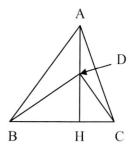

$$\overline{AB}^2 - \overline{BD}^2 = \overline{AH}^2 + \overline{BH}^2 - \overline{DH}^2 - \overline{BH}^2 = \overline{AH}^2 - \overline{DH}^2。$$
$$\overline{AC}^2 - \overline{CD}^2 = \overline{AH}^2 + \overline{CH}^2 - \overline{DH}^2 - \overline{CH}^2 = \overline{AH}^2 - \overline{DH}^2$$
$$\overline{AB}^2 - \overline{BD}^2 = \overline{AC}^2 - \overline{CD}^2。$$

4. △二邊的乘積等於第三邊上的高與△外接圓直徑的乘積。試證之。

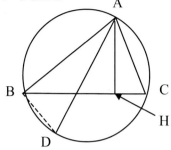

解：

∠ABD＝∠AHC＝90°，∠C＝∠D⇒△ABD～△AHC。

$\overline{AB}:\overline{AH}=\overline{AD}:\overline{AC}\Rightarrow\overline{AB}\cdot\overline{AC}=\overline{AH}\cdot\overline{AD}$。

5. △二邊的乘積等於此二邊夾角平分線的長與△外接圓中包含角平分線弦的乘積。試證
之。

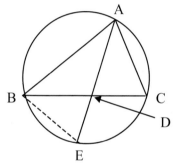

解：

∠BAE＝∠EAC,∠C＝∠E⇒△ABE～△ADC。

$\overline{AB}:\overline{AD}=\overline{AE}:\overline{AC}\Rightarrow\overline{AB}\cdot\overline{AC}=\overline{AD}\cdot\overline{AE}$。

參、題型練習

1. 如圖，M 是 $\overline{BC}$ 的中點，N 是 $\overline{AC}$ 的中點，求△ANG:△ABG:△BGM:CNGM。

解：

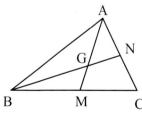

2. 如圖，△ABC，$\overline{AD}$ 平分 ∠BAC，$\overline{AE}$ 平分 ∠FAC，$\overline{AB}=4$，$\overline{AC}=3$。求 $\overline{BD}:\overline{CD}:\overline{CE}$。

解：

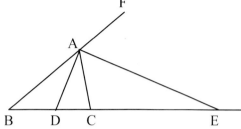

3. △三邊長是 6、8、10。求△外接圓半徑與內切圓半徑。

解：

4. 如圖，△ABC 與圓相切於 D、E、F。設△ABC 的周長是 20，$\overline{BC}=6$，求 $\overline{AD}$。

解：

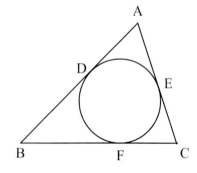

5. 如圖，△ABC，∠BAC=60°，$\overline{AD}$ 平分∠BAC。設 $\overline{AB}$=6，$\overline{AC}$=4，求 $\overline{AD}$。

解：

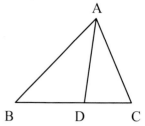

6. 如圖，△ABC，$\overline{AD}$ 平分∠BAC。設 $\overline{AB}$=10，$\overline{AC}$=8，$\overline{BC}$=12。I 是△ABC 的內心。求 $\overline{AI}:\overline{ID}$。

解：

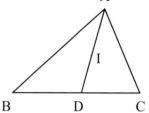

7. △ABC，∠A=30°，$\overline{BC}$=5。求△ABC 外接圓半徑。

解：

8. △ABC，$\overline{AB}$=13，$\overline{BC}$=14，$\overline{AC}$=15。求

(1)$\overline{BC}$ 上的高。　　(2)△ABC 外接圓半徑。

(3)$\overline{BC}$ 上的中線。　　(4)△ABC 重心與 $\overline{BC}$ 的距離。

解：

9. $\triangle ABC$，$\overline{AB}=\overline{AC}=5$，$\overline{BC}=6$。O、G、H 分別是 $\triangle ABC$ 的外心、重心與垂心。求

   (1)O 與 A 的距離。　　　　　(2)G 與 A 的距離。　　　　　(3)H 與 A 的距離。

   解：

10.如圖，O、G、H 分別是 $\triangle ABC$ 的外心、重心與垂心。證明

   (1)H 到 A 的距離是 O 到 $\overline{BC}$ 的距離的 2 倍。　　(2)O、G、H 三點共線。（尤拉線）

   解：

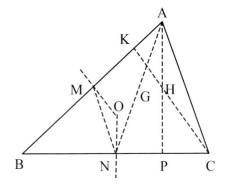

11.如圖，$\triangle ABC$，$\overline{AB}=10$，$\overline{BC}=6$，$\overline{AC}=5$，$\overline{AD}$ 平分 $\angle BAC$，直線 AD 與圓相交於 E。求

   (1)$\overline{BD}$ 與 $\overline{CD}$。　　　　　　　　　(2)$\overline{AD}$ 與 $\overline{DE}$。

   解：

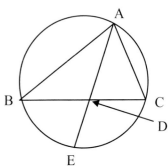

主題十

孟氏定理

〈圖一〉、〈圖二〉與〈圖三〉都有突出的兩個牛角，因而調皮的定名「牛頭牌」。

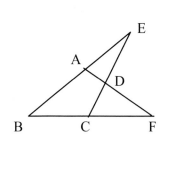

〈圖一〉

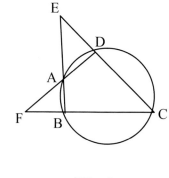

〈圖二〉

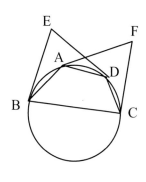

〈圖三〉

〈圖二〉與〈圖三〉主要應用於相關角度的推算，以實例分別說明：

如下圖，$\angle E=30°$，$\angle F=40°$。求四邊形 ABCD 的四內角。

$\angle C=x°$，$\angle ADC=y° \Rightarrow \angle DAB=(180-x)°$，$\angle ABC=(180-y)°$。

$\triangle EBC$，$\angle E+\angle EBC+\angle C=180° \Rightarrow 30+(180-y)+x=180 \Rightarrow x-y=-30$……①。

$\triangle FCD$，$\angle F+\angle C+\angle FDC=180° \Rightarrow 40+x+y=180 \Rightarrow x+y=140$……②。

解聯立方程式①與②，得$\angle C=55°$，$\angle ADC=85°$，$\angle DAB=125°$，$\angle ABC=95°$。

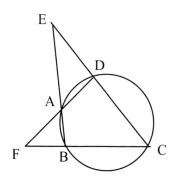

如下圖，四切線 EB、ED、FA 與 FC。∠E=40°，∠F=50°。求 ABCD 的四內角。

∠E=40°⇒∠BOD=140°⇒∠BCD=70°⇒∠DAB=110°。

∠F=50°⇒∠AOC=130°⇒∠ABC=65°⇒∠ADC=115°。

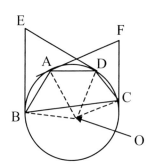

〈圖一〉四邊形 ABCD 的角度關係式為∠EDF=∠ADC=∠B+∠E+∠F。

各線段之間比例線段的關係式（如以下二式）則為鼎鼎大名的「孟氏定理」。

$$\frac{\overline{EA}}{\overline{AB}}\times\frac{\overline{BF}}{\overline{CF}}\times\frac{\overline{CD}}{\overline{DE}}=1 \quad 與 \quad \frac{\overline{CF}}{\overline{BC}}\times\frac{\overline{BE}}{\overline{EA}}\times\frac{\overline{AD}}{\overline{DF}}=1 。$$

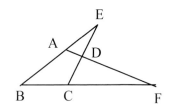

壹、觀念摘要

孟氏定理（Menelaus Theorem）

如圖，$\dfrac{\overline{AD}}{\overline{BD}}\times\dfrac{\overline{BC}}{\overline{CF}}\times\dfrac{\overline{EF}}{\overline{EA}}=1$。

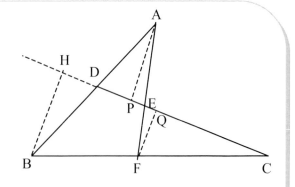

證明：作 $\overline{BH}$，$\overline{AP}$ 與 $\overline{FQ}$ 分別垂直直線 CD。H、P、Q 是垂足。

$$\frac{\overline{AD}}{\overline{BD}}=\frac{\overline{AP}}{\overline{BH}},\frac{\overline{BC}}{\overline{CF}}=\frac{\overline{BH}}{\overline{FQ}},\frac{\overline{EF}}{\overline{EA}}=\frac{\overline{FQ}}{\overline{AP}}。\frac{\overline{AD}}{\overline{BD}}\times\frac{\overline{BC}}{\overline{CF}}\times\frac{\overline{EF}}{\overline{EA}}=1。$$

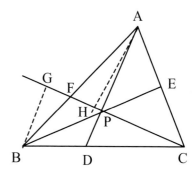

西瓦定理（Ceva Theorem）

如圖，$\overline{AD}$、$\overline{BE}$、$\overline{CF}$ 相交於 P，

則 $\dfrac{\overline{AF}}{\overline{BF}} \times \dfrac{\overline{BD}}{\overline{DC}} \times \dfrac{\overline{CE}}{\overline{EA}} = 1$。

證明：作 $\overline{BG}$ 與 $\overline{AH}$ 垂直直線 CF，G、H 是垂足。

$\overline{AF}:\overline{BF} = \overline{AH}:\overline{BG} = \dfrac{1}{2}\overline{AH} \times \overline{CP} : \dfrac{1}{2}\overline{BG} \times \overline{CP}$。$\overline{AF}:\overline{BF} = \triangle ACP:\triangle BCP$。

同理，$\overline{BD}:\overline{CD} = \triangle ABP:\triangle ACP$。$\overline{CE}:\overline{EA} = \triangle BCP:\triangle ABP$。

$\dfrac{\overline{AF}}{\overline{BF}} \times \dfrac{\overline{BD}}{\overline{DC}} \times \dfrac{\overline{CE}}{\overline{EA}} = 1$。

貳、實例解說

1. 如圖，$\overline{AB} = 1$，$\overline{BC} = 3$，$\overline{AE} = \overline{EF} = 2$。求 $\overline{BD}:\overline{DF}$
   與 $\overline{DE}:\overline{CD}$。

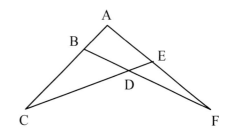

解：

$\dfrac{\overline{EF}}{\overline{AE}} \times \dfrac{\overline{AC}}{\overline{BC}} \times \dfrac{\overline{BD}}{\overline{DF}} = 1 \Rightarrow \dfrac{2}{2} \times \dfrac{4}{3} \times \dfrac{\overline{BD}}{\overline{DF}} = 1 \Rightarrow \overline{BD}:\overline{DF} = 3:4$。

$\dfrac{\overline{BC}}{\overline{AB}} \times \dfrac{\overline{AF}}{\overline{EF}} \times \dfrac{\overline{DE}}{\overline{CD}} = 1 \Rightarrow \dfrac{3}{1} \times \dfrac{4}{2} \times \dfrac{\overline{DE}}{\overline{CD}} = 1 \Rightarrow \overline{DE}:\overline{CD} = 1:6$。

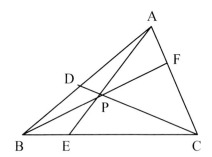

2. 如圖，$\overline{AD}=4$，$\overline{BD}=3$，$\overline{AF}=1$，$\overline{CF}=5$。

   求 $\overline{BE}:\overline{CE}$，$\overline{DP}:\overline{PC}$，$\overline{BP}:\overline{PF}$ 與 $\overline{AP}:\overline{PE}$。

解：

$$\frac{\overline{AD}}{\overline{BD}}\times\frac{\overline{BE}}{\overline{CE}}\times\frac{\overline{CF}}{\overline{AF}}=1 \Rightarrow \frac{4}{3}\times\frac{\overline{BE}}{\overline{CE}}\times\frac{5}{1}=1 \Rightarrow \overline{BE}:\overline{CE}=3:20 \text{。}$$

$$\frac{\overline{CF}}{\overline{AF}}\times\frac{\overline{AB}}{\overline{BD}}\times\frac{\overline{DP}}{\overline{PC}}=1 \Rightarrow \frac{5}{1}\times\frac{7}{3}\times\frac{\overline{DP}}{\overline{PC}}=1 \Rightarrow \overline{DP}:\overline{PC}=3:35 \text{。}$$

$$\frac{\overline{BD}}{\overline{AD}}\times\frac{\overline{AC}}{\overline{CF}}\times\frac{\overline{PF}}{\overline{BP}}=1 \Rightarrow \frac{3}{4}\times\frac{6}{5}\times\frac{\overline{PF}}{\overline{BP}}=1 \Rightarrow \overline{BP}:\overline{PF}=9:10 \text{。}$$

$$\frac{\overline{AD}}{\overline{BD}}\times\frac{\overline{BC}}{\overline{CE}}\times\frac{\overline{PE}}{\overline{AP}}=1 \Rightarrow \frac{4}{3}\times\frac{23}{20}\times\frac{\overline{PE}}{\overline{AP}}=1 \Rightarrow \overline{AP}:\overline{PE}=23:15 \text{。}$$

3. 如圖，$\overline{AE}=2$，$\overline{AB}=3$，$\overline{AF}=2$，ABCD 是平行四邊形。

   求 $\overline{EF}:\overline{FG}:\overline{GC}$。

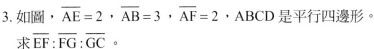 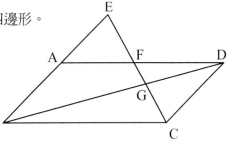

解：

ABCD 是平行四邊形 $\Rightarrow \overline{CD}=\overline{AB}=3$。

$\triangle AEF \sim \triangle DCF \Rightarrow \overline{AE}:\overline{CD}=\overline{AF}:\overline{FD} \Rightarrow 2:3=2:\overline{FD} \Rightarrow \overline{FD}=3$。

$\overline{BC}=5$。$\triangle FDG \sim \triangle CBG \Rightarrow \overline{FG}:\overline{CG}=3:5$。令 $\overline{FG}=3k$，$\overline{CG}=5k \Rightarrow \overline{CF}=8k$，$\overline{EF}:\overline{CF}=2:3$

$\Rightarrow \overline{EF}:8k=2:3 \Rightarrow \overline{EF}=\frac{16}{3}k$。$\overline{EF}:\overline{FG}:\overline{CG}=\frac{16}{3}:3:5=16:9:15$。

4.如圖，ABCD 是平行四邊形 $\overline{AP}:\overline{BP}=9:7$ ， $\overline{PC}:\overline{CQ}=2:1$ 。
　求 $\overline{DQ}:\overline{QE}$ 。

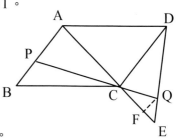

解：

作 $\overline{FQ}\,/\!/\,\overline{AB}\Rightarrow\overline{FQ}\,/\!/\,\overline{CD}$ 。

令 $\overline{AP}=9k$ ， $\overline{BP}=7k$ 。 $\overline{PC}:\overline{CQ}=\overline{AP}:\overline{FQ}=2:1\Rightarrow\overline{FQ}=4.5k$ 。

ABCD 是平行四邊形

$\Rightarrow\overline{CD}=16k$ 。 $\overline{EQ}:\overline{DE}=4.5:16=9:32\Rightarrow\overline{EQ}:\overline{DQ}=9:23\Rightarrow\overline{DQ}:\overline{QE}=23:9$ 。

參、題型練習

1.如圖， $\overline{AD}=\overline{BD}$ ， $\overline{AF}=2\overline{EF}$ 。求 $\overline{BE}:\overline{CE}$ 。
解：

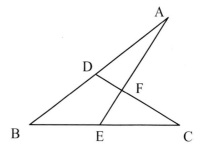

2.如圖，I 是 $\triangle ABC$ 的內心， $\overline{AB}=6$ ， $\overline{AC}=5$ ， $\overline{BC}=7$ 。求 $\overline{AI}:\overline{IE}$ 。
解：

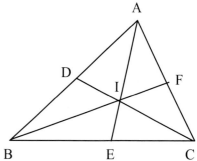

3. 如圖，$\overline{AB}=5$，$\overline{BC}=6$，$\overline{DE}=4$，ABCD 是平行四邊形。求 $\overline{EF}:\overline{FG}:\overline{GB}$。

解：

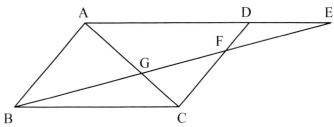

4. 如圖，G 是 △ABC 的重心，$\overline{AF}:\overline{CF}=4:1$。求 $\overline{AE}:\overline{BE}$。

解：

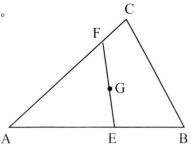

5. 如圖，$\overline{AE}:\overline{BE}=1:2$，$\overline{AD}:\overline{CD}=3:4$。求 $\overline{BP}:\overline{PD}$ 與 $\overline{CP}:\overline{PE}$。

解：

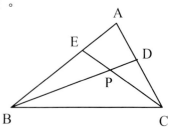

主
題
論

6. 如圖，ABCD 是平行四邊形，$\overline{AE}:\overline{DE}=1:3$，$\overline{BF}=\overline{CF}$。求 $\overline{AP}:\overline{CP}$。

解：

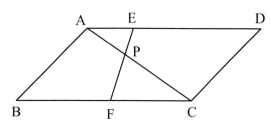

7. 如圖，$\overline{BE}:\overline{CE}=\overline{CF}:\overline{AF}=1:2$。求 $\overline{AD}:\overline{BD}$。

解：

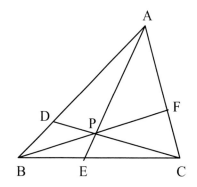

8. 如圖，$\triangle ABC$ 中，D、E 分別是 $\overline{AB}$ 與 $\overline{AC}$ 上的點，

$\overline{AD}=\dfrac{1}{3}\overline{AB}$，$\overline{AE}=\dfrac{4}{5}\overline{AC}$，求 $\triangle BDF:\triangle CEF$。

解：

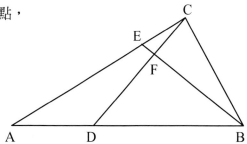

主題十一

幾何作圖

據傳，「幾何學」一辭由「Geometry」翻譯而得名。「Geometry」因發音欠準,讀成 Ge-o-me-try。「Ge-o」就被翻譯為「幾何」。

幾何的分支極多。傳統的「歐氏幾何」仍然是數學初學者的入門。依照幾何的學習方式，幾何分為「實驗幾何」與「理論幾何」。「實驗幾何」以直觀方式理解幾何圖形及其性質。「理論幾何」則重視幾何的推理與證明。「幾何作圖」又名「尺規作圖」，是「理論幾何」的重要單元，一般的解題步驟分為〔已知〕、〔求作〕、〔作法〕與〔證明〕。

「幾何作圖」與「機械作圖」的差別在於使用工具的不同。「幾何作圖」的工具只限於直尺與圓規。而且規定直尺只限於畫直線、線段或射線；圓規只限於畫圓、半圓或弧。「機械作圖」除了工具多樣化外，畫圖可使用度量衡的單位。

以正五邊形的作圖說明「幾何作圖」與「機械作圖」的區別。

古代中國對於正五邊形「機械作圖」的近似圖形，以口訣「九五頂五九，八五分兩邊」為之。（如下圖）

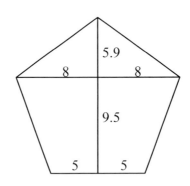

「幾何作圖」畫出正五邊形，必須能畫出頂角 108°的等腰△。

Step1. 求出頂角 108°的等腰△腰長與底邊的比。

如圖，$\overline{BC}$ =1，$\overline{AB}$ =x⇒$\overline{AC}$ =x，$\overline{BD}$ =1-x。

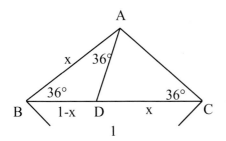

$\triangle ABD \sim \triangle BCA \Rightarrow \overline{AB} : \overline{BD} = \overline{BC} : \overline{AB}$

$\Rightarrow x:(1-x)=1:x$

$\Rightarrow x^2=1-x \Rightarrow x^2+x-1=0$

$\Rightarrow x = \dfrac{-1 \pm \sqrt{5}}{2}$ 。（-不合）

Step2. 取線段 a，畫出長 $\dfrac{-1+\sqrt{5}}{2}$a 的線段。

Step3. 以 a 為底邊，$\dfrac{-1+\sqrt{5}}{2}$a 為腰長，畫出頂角 108°的等腰△ABE。

Step4. 分別以 A、B 為圓心，$\overline{BE}$ 與 $\overline{AB}$ 為半徑畫弧，二弧相交於 C。

分別以 B、C 為圓心，$\overline{BE}$ 與 $\overline{AB}$ 為半徑畫弧，二弧相交於 D。畫 $\overline{DE}$ 。

五邊形 ABCDE 即為所求。

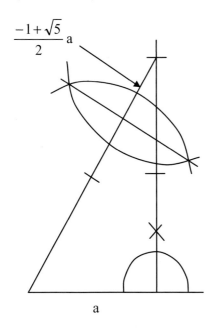

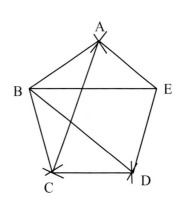

順便一提，長條形紙張摺疊製作正五邊形的方法。請依下面圖示操作。

Step1. 第一次摺疊，摺疊痕跡暫時保留彈性。

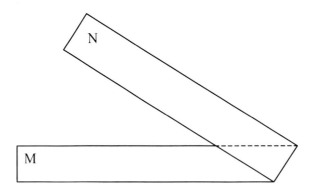

Step2. 第二次摺疊，P 在 M 後方。摺疊痕跡暫時保留彈性。

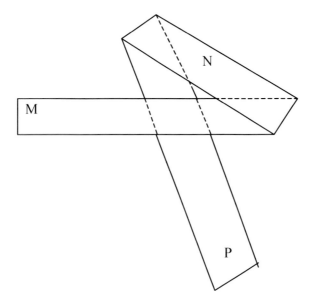

Step3. 第三次摺疊，Q 穿過 M、N 與 P 的缺口。摺疊痕跡暫時保留彈性。

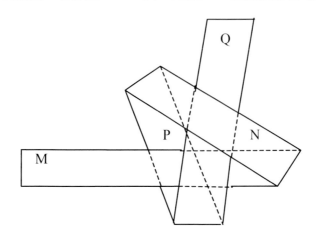

Step4. 施力拉緊，壓下摺疊痕跡。

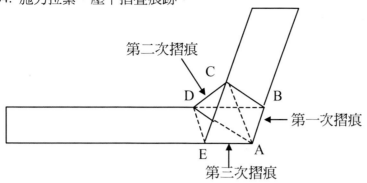

還原長條形紙張的摺痕，如下圖所示：

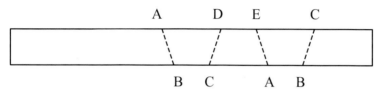

由於五邊形 ABCDE 之 ABCD≅CDEA≅EABC⇒ABCDE 是正五邊形。

壹、觀念摘要

幾何作圖：以無刻度直尺與圓規為工具，畫出幾何圖形的作圖。

基本作圖

　　等線段作圖：作一線段與已知線段相等。

　　等角作圖：作一角與已知角相等。

　　垂線作圖：過線上或線外一點，作直線的垂直線。

　　中垂線作圖：作一線段的中垂線。

　　角平分線作圖：作一角的平分線。

應用作圖

　　平行線作圖：過線外一點，作直線的平行線。

　　等分點的作圖：將一線段任意等分。

　　特別角與相關角的作圖：作30°、45°或60°等特別角，並以角平分線、角的和
　　　　差或△邊長比例關係，作特別角的相關角。

主
題
論

主
題
論

> 比例線段作圖：已知二線段，作二線段的比例中項與第三比例項或已知三線段，作三線段的第四比例項。
>
> 根數作圖：方根等無理數的作圖。
>
> △與多邊形的作圖：已知△或多邊形的部分邊與部分角，作△或多邊形。
>
> △心的作圖：作△的內心、外心、重心、垂心或傍心。
>
> ……

貳、實例解說

1. 利用幾何作圖，分別作 15°與 22.5°的角。

解：

Case1. 15°的角。	Case2. 22.5°的角。
Step1. 作∠XBY=90°。	Step1. 作∠XBY=90°。
Step2. 在∠XBY 上取點 C、A，使 $\overline{BC} = m$ ， $\overline{CA} = 2m$ 。	Step2. 在∠XBY 上取點 C、A，使，$\overline{BC} = m$ ， $\overline{BA} = m$ 。
Step3. 作∠BAC 的角平分線 AD 射線。∠BAD 即為所求。	Step3. 作∠BAC 的角平分線 AD 射線。∠BAD 即為所求。

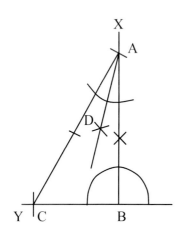

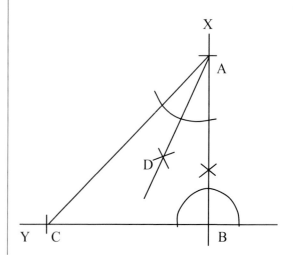

2. [已知]矩形 ABCD。

  [求作]一正方形，使其面積與矩形 ABCD 的面積相等。

解：

  Step1. 在直線 CD 上取一點 K，使得 $\overline{CK} = \overline{BC}$。

  Step2. 以 $\overline{DK}$ 為直徑作半圓。

  Step3. 過 C 作 $\overline{DK}$ 的垂直線交半圓於 E。

  Step4. 以 $\overline{CE}$ 為一邊，作正方形 CEFG。

      CEFG 即為所求。

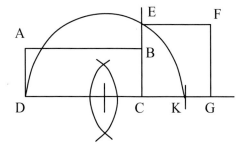

3. [已知]單位長 1，二線段長 a 與 b。

  [求作](1)一線段長為 ab。

      (2)一線段長為 $\dfrac{b}{a}$。

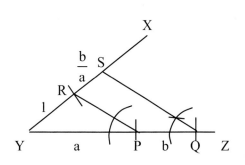

解：

(1)

  Step1. 作 ∠XYZ。

  Step2. 在 ∠XYZ 上取點 P、Q、R，
      使 $\overline{YP} = 1$，$\overline{PQ} = a$，$\overline{YR} = b$。

  Step3. 作 $\overline{QS} // \overline{PR}$，交直線 XY 於 S。
      $\overline{RS}$ 即為所求。

(2)

  Step1. 作 ∠XYZ。

  Step2. 在 ∠XYZ 上取點 P、Q、R，使
      使 $\overline{YP} = a$，$\overline{PQ} = b$，$\overline{YR} = 1$。

  Step3. 作 $\overline{QS} // \overline{PR}$，交直線 XY 於 S。
      $\overline{RS}$ 即為所求。

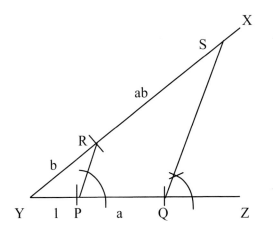

4. [已知]△ABC。

  [求作]一點 P，使 $\overline{PB}=\overline{PC}$ 且 P 到∠A 二邊的距離相等。

解：

  Step1. 作∠A 的平分線。

  Step2. 作 $\overline{BC}$ 的中垂線。二者的交點即為 P。

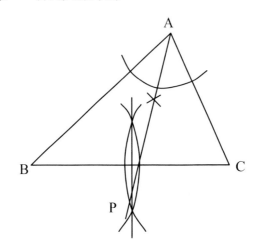

5. [已知]A、B 是直線 L 同側二點。

  [求作]在 L 上取一點 P，使得 $\overline{PA}+\overline{PB}$ 的值最小。

解：

  Step1. 過 A 作直線 L 的垂線，垂足 H。

  Step2. 在直線 AH 上取一點 Q，使 $\overline{HQ}=\overline{AH}$ 。

  Step3. 連接 B、Q。$\overline{BQ}$ 與直線 L 的交點即為 P。

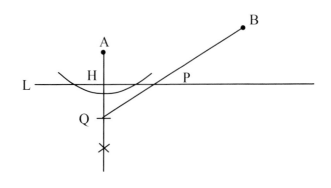

6. 如圖，P、Q 是河岸 L、M 二側的小鎮，L//M。在 L 與 M 之間蓋一座與河岸垂直的橋 AB，A 在 L 上，B 在 M 上。試以幾何作圖定出 A、B 的位置。

解：

Step1. 過 Q 作直線 L 的垂線，交 L、M 於 D、E。

Step2. 在直線 QE 上取一點 C，使 $\overline{QC} = \overline{DE}$。

Step3. 連接 P、C。$\overline{PC}$ 與直線 L 的交點即為 A。

Step4. 過 Q 作 $\overline{PC}$ 的平行線與直線 M 的交點即為 B。

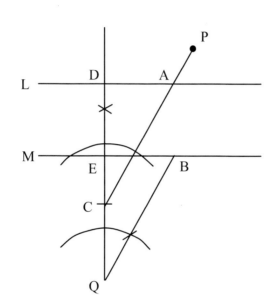

7. 如圖，梯形土地 ABCD，下底是上底的 2 倍。在 $\overline{BC}$ 上取一點 P，沿著 $\overline{DP}$ 將梯形土地平分成二塊相等面積的區域。以幾何作圖畫 $\overline{DP}$ 。

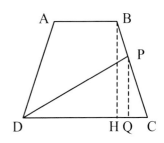

解析：

梯形的高 $\overline{BH}$ ，△CDP 的高 $\overline{PQ}$ 。梯形的上底 x，下底 2x。$\frac{1}{2}$ ABCD=△CDP

$$\Rightarrow \frac{1}{4}(x+2x)(\overline{BH}) = \frac{1}{2}(2x)(\overline{PQ}) \Rightarrow \overline{PQ}:\overline{BH} = 3:4 \Rightarrow \overline{CP}:\overline{BP} = 3:1 \text{ 。}$$

解：

Step1. 過 B 作直線 L。在 L 上取點 F、E，使 $\overline{BF}:\overline{FE}$ =1:3。

Step2. 連接 C、E。

Step3. 過 F 作 $\overline{CE}$ 的平行線，與 $\overline{BC}$ 的交點為 P。

Step4. 畫 $\overline{DP}$ 。 $\overline{DP}$ 即為所求。

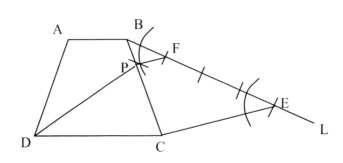

主
題
論

8. [已知]△ABC。

　[求作]正方形 PQRS，使 P、Q、R 與 S 在△三邊上。

解析：

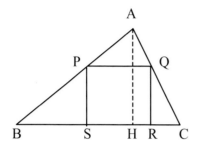

$\overline{PQ} = \overline{PS} = x$ ，作 $\overline{AH} \perp \overline{BC}$ 。 $\dfrac{\overline{PQ}}{\overline{BC}} + \dfrac{\overline{PS}}{\overline{AH}} = \dfrac{\overline{AP}}{\overline{AB}} + \dfrac{\overline{BP}}{\overline{AB}} = 1 \Rightarrow \dfrac{x}{\overline{BC}} + \dfrac{x}{\overline{AH}} = 1$ 。

解：

Step1. 作 $\overline{AH} \perp \overline{BC}$ ，H 是垂足。

Step2. 過 B 作 $\overline{BC}$ 的垂線，在線上取一點 D，使 $\overline{BD} = \overline{AH}$ 。

Step3. 過 C 作 $\overline{BC}$ 的垂線，在線上取一點 E，使 $\overline{CE} = \overline{BC}$ 。

Step4. 作直線 CD 與 BE，二線相交於 F。

Step5. 過 F 作 $\overline{BC}$ 的平行線交 $\overline{AB}$ 於 P，交 $\overline{AC}$ 於 Q。

Step6. 過 P 作 $\overline{BC}$ 的垂線，垂足是 S。過 Q 作 $\overline{BC}$ 的垂線，垂足是 R。PQRS 即為所求。

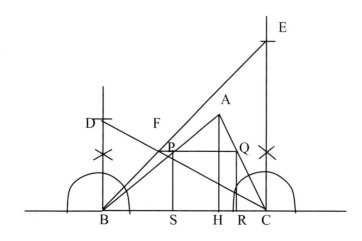

參、題型練習

1. [已知]△ABC。

　　[求作]一正方形，使其面積與△ABC 的面積相等。

解：

2. 如圖，在數線上畫出坐標 $\sqrt{10}$ 的點。

解：

0　　　1

3. [已知]單位長 1，線段長 a。

　　[求作](1)一線段長為 a^2。

　　　　(2)一線段長為 $\dfrac{1}{a}$。

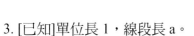

1　　　　　a

解：

4.[已知]A、B 是直線 L 同側二點。

　[求作]在 L 上取一點 P，使得 $\overline{PA}-\overline{PB}$ 的值最大。

解：

$\cdot$ A

B $\cdot$

L ─────────────────────

5.[已知]四邊形 ABCD。

　[求作]一點 P，使 $\overline{PB}=\overline{PC}$ 且 P 到∠A 二邊的距離相等。

解：

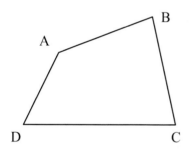

6.如圖，兄弟二人平分梯形土地 ABCD，已知梯形下底是上底的 2 倍。平分的方式是以平行上底的 $\overline{PQ}$ 為界，以幾何作圖定出 P、Q 的位置。

解：

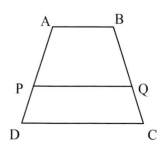

7. 如圖，長方形的紙張 PQRS 的一邊上一點 A，用剪刀剪下一個正方形 ABCD，使得 B 在 $\overline{PQ}$ 上，D 在 $\overline{RS}$ 上。請以幾何作圖畫出 ABCD。

解：

8. 如圖，長方形的游泳池 PQRS，池邊有三位救生員，其位置分別在池邊的 A、B、C 三點。三人的責任區域以離三員中最近者定出。請以幾何作圖畫出三人的責任區。

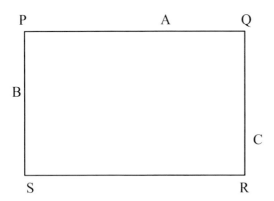

解：

9. [已知]△ABC，∠C=90°。

   [求作]正方形 PQRC，使 P、Q、R 在△三邊上。

解：

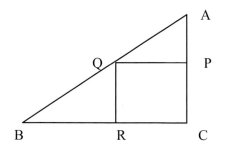

10.(1)求頂角 36°的等腰△腰長與底邊長的比。

   (2)利用(1)，作 36°的角。

解：

第二節

評量類

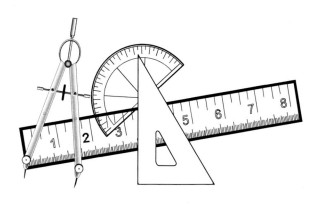

「邏輯語法」評量

評
量
類

壹、概念題

1. (1)完成下列「真值表」：T（True）代表真；F（False）代表假。

p	q	p∧q	p∨q	~(p∧q)	~(p∨q)	~p	~q	~p∧~q	~p∨~q
T	T								
T	F								
F	T								
F	F								

(2)利用「真值表」，寫出~(p∧q)、~(p∨q)、~p∧~q 與~p∨~q 四者中，那些為同義？

（能利用「真值表」說明「且」與「或」的否定敘述）

解：

貳、演練題

1. (1)「a、b、c 全是 0」表示 a=0 且 b=0 且 c=0。仿照此種寫法,將「a、b、c 全不是 0」、
「a、b、c 不全是 0」與「a、b、c 不全不是 0」以連接詞表示。

(2)「a、b、c 全是 0」可以用 $a^2+b^2+c^2=0$ 表示。仿照此種寫法,將「a、b、c 全不是 0」、
「a、b、c 不全是 0」與「a、b、c 不全不是 0」以方程式或不等式表示。

(3)「a、b、c 全是 0」、「a、b、c 全不是 0」、「a、b、c 不全是 0」、「a、b、c 不全
不是 0」四個敘述與下列四個敘述「a、b、c 皆為 0」、「a、b、c 皆不為 0」、「a、
b、c 至少有一為 0」、「a、b、c 至少有一不為 0」那些為同義?

解:

2. 設 p_1、p_2、……、p_n 是敘述。$p_1 \lor p_2$ 有 $p_1 \land p_2$、$\sim p_1 \land p_2$、$p_1 \land \sim p_2$ 三種可能;$p_1 \lor p_2 \lor p_3$
有 $p_1 \land p_2 \land p_3$、$\sim p_1 \land p_2 \land p_3$、$p_1 \land \sim p_2 \land p_3$、$p_1 \land p_2 \land \sim p_3$、$\sim p_1 \land \sim p_2 \land p_3$、$\sim p_1 \land p_2 \land \sim p_3$、
$p_1 \land \sim p_2 \land \sim p_3$ 七種可能;……,請問 $p_1 \lor p_2 \lor …… \lor p_n$ 有幾種可能?

解:

3. (1)四個圓最多分割平面成幾個區域?

(2)承上題,設四個圓分別代表敘述 p、q、r、s,畫圖說明 $p \land q \land r \land s$、$\sim p \land q \land r \land s$、
$p \land \sim q \land r \land s$、……中有兩個不在四個圓分割平面的區域內。

解:

「證明方法」評量

壹、概念題

1. (1)完成下列「真值表」：T（True）代表真；F（False）代表假。

p	q	p→q	q→p	~p	~q	~p→~q	~q→~p
T	T	T					
T	F	F					
F	T	T					
F	F	T					

(2)利用「真值表」，寫出 p→q、q→p、~p→~q 與~q→~p 四者中，那些為同義？

（能利用「真值表」說明「命題」與「否逆命題」同真偽）

解：

2. 「設 a、b、c 是正整數，a>b>c，a+b+c=7，求 c 的最大值。」指出為何以下列方式得「c 的最大值是 2」與事實不符？ a>b>c⇒a+b+c>3c⇒3c<7⇒c<2.333……⇒c 的最大值是 2。

（能由「⇒成立；⇐不一定成立」的道理說明「驗算」的必要）

解：

貳、演練題

1. (1)利用連續三正整數中必有一個3的倍數，證明三個連續正整數的立方和必為9的倍數。

   (2)「數學歸納法」的原理類似「骨牌效應」，證明的步驟為：

   Step1. $n=1$時，原式成立。

   Step2. $n=k$時，原式成立$\Rightarrow n=k+1$時，原式成立。

   利用「數學歸納法」，證明三個連續正整數的立方和必為9的倍數。

解：

2. 證明三個數平方的算術平均數大於或等於此三個數算術平均數的平方。

解：

3. 正整數中，那些數的立方減去 1 以後，是 3 的倍數？

解：

4. (1)已知 a 是整數，證明 a^2 是 5 的倍數$\Rightarrow a$ 是 5 的倍數。

   (2)利用(1)，證明 $\sqrt{5}$ 是無理數。

解：

「鴿籠定理」評量

評 量 類

壹、概念題

1. 證明

　　(1)十隻鴿子分配到六個鴿籠，至少有一個鴿籠有二隻以上（含二隻）的鴿子。

　　(2)十隻鴿子分配到四個鴿籠，至少有一個鴿籠有三隻以上（含三隻）的鴿子。

　　（能利用「邏輯語法」的推理說明「鴿籠定理」的證明）

解：

貳、演練題

1. n 個人分別投擲兩粒相同的骰子，下列條件恆成立時，求 n 的最小值。

　　(1)至少有兩個人投擲的點數和相同。

　　(2)至少有兩個人投擲的點數相同。

解：

2. (1)1、11、111、1111、……中，至少有一個是 23 的倍數。試證之。

(2)利用(1)，證明「分母是 23 的最簡分數可以擴分為分母是 99……99 的分數」。即此分數可以化為小數點第一位就開始循環的純循環小數。

解：

3. (1)已知 a、b、c 是整數，a、b 互質，設 b 是 ac 的因數，利用 a 與 b 的標準分解式，證明 b 是 c 的因數。

(2)利用(1)，已知 a、b 是互質的兩整數，a>b>1，則分別以 a、2a、3a、……、(b-1)a 為被除數，b 為除數，所得的餘數恰有一個為 1。

(3)利用(2)，證明「(a，b)=1⇒存在一組整數 m 與 n，使得 ma+nb=1」。

（「最大公因數表現定理」為存在一組整數 m 與 n，使得 ma+nb=(a，b)。）

解：

「高斯記號」評量

評量類

壹、概念題

1. 求下列各高斯記號的值。

(1)$[13]$。 (2)$[-7]$。 (3)$[\dfrac{2007}{96}]$。 (4)$[\sqrt{29}-2]$。 (5)$[-\pi]$

（能運用「高斯記號」的基本觀念）

解：

2. 依照下列提示，完成「已知票數是330，從5位候選人選出3位，求篤定當選的票數。」

提示：設3位當選者的票數是 a、b、c；2位落選者的票數和是 d。

$a \geq b \geq c > d$。$a+b+c+d=330$。

（能運用算式求「篤定當選的票數」）

解：

貳、演練題

1. 四位正整數中，能被5或7整除，但不能被35整除的數有多少個？

解：

2. 從 100、101、102、⋯⋯寫到 9999，總共寫了多少個 7？

解：

3. 設 a、b、c、d、e、f 是正整數，a+b+c+d+e+f=120，若 a≥b≥c≥d≥e>f，求 f 的最大值與 f 最大時，e 的最小值。

解：

4. 400 個橘子分給 6 人，每人分得的數目都不相等，請問分最少的兩個人的橘子總數最多是多少？

解：

5. 已知 11 個相異正整數的和是 2007，將此 11 個數由小而大排列，求第 5 個數到第 7 個數總和的最大值是多少？

解：

「加法與乘法原理」評量

評量類

壹、概念題

1. 如圖，由 A 到 B 的只能向右、向上或向下，且不得走回頭路，請問共有幾種走法？

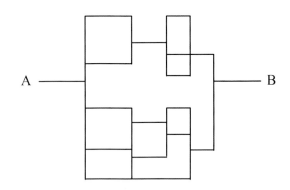

（能運用「加法原理」與「乘法原理」的基本觀念）

解：

2. 甲、乙、丙三人玩擲骰子遊戲：甲的幸運數字是 1、6；乙的幸運數字是 2、5；丙的幸運數字是 3、4。今三人各擲一粒骰子，

(1)三人投擲的點數不同且都投擲各人幸運數字的情形有幾種？

(2)三人投擲的點數不同且都不投擲各人幸運數字的情形有幾種？

（能運用「加法原理」與「乘法原理」的基本觀念）

解：

貳、演練題

1. 如圖，以一筆劃完成由 A 到 B 的圖形，畫法有幾種？

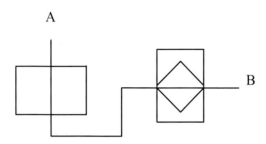

解：

2. 從 1、2、3、……、9 中選出四個數字，若四個數字所能構成的所有四位數的和是 86658，
   求最大的四位數。

解：

3. 用 0、1、2、3、4、5 做成三位數，數字不重複。若此數是 4 的倍數，則此種數共有多
   少個？又若此數是 3 的倍數，則此種數共有多少個？

解：

4. 如圖，21 個正方形及陰影部分構成的圖形。

　　(1)含陰影部分的正方形有多少個？

　　(2)不含陰影部分的正方形有多少個？

　　(3)含陰影部分的長方形有多少個？

　　(4)不含陰影部分的長方形有多少個？

解：

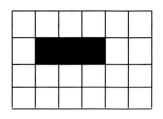

5. 如圖，A、B、C、D、E、F 是圓的六等分點。任取三點構成△。

　　(1)依△形狀分類，共有多少類？

　　(2)各類各有多少個△？

解：

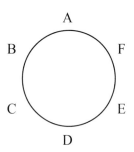

6. 如圖，由六個面積是 1 的正方形所組成長方形，共有十二個點。則以這十二個點為頂點能組成面積為 1 的△有多少個？

解：

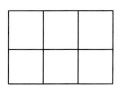

「排容原理」評量

壹、概念題

1. (1)根據邏輯語法，一般而言，$p_1 \vee p_2$ 有 $p_1 \wedge p_2$、$\sim p_1 \wedge p_2$、$p_1 \wedge \sim p_2$ 三種可能，設 $n(x)$ 表示滿足敘述 x 的個數，$n(p_1 \wedge p_2)=a$；$n(\sim p_1 \wedge p_2)=b$；$n(p_1 \wedge \sim p_2)=c$。

   分別求 $n(p_1 \vee p_2)$ 與 $n(p_1)+n(p_2)-n(p_1 \wedge p_2)$ 的值。

   (2)設 $n(p_1 \wedge p_2 \wedge p_3)=a$；$n(\sim p_1 \wedge p_2 \wedge p_3)=b$；$n(p_1 \wedge \sim p_2 \wedge p_3)=c$；$n(p_1 \wedge p_2 \wedge \sim p_3)=d$；

   $n(\sim p_1 \wedge \sim p_2 \wedge p_3)=e$；$n(\sim p_1 \wedge p_2 \wedge \sim p_3)=f$；$n(p_1 \wedge \sim p_2 \wedge \sim p_3)=g$。

   分別求 $n(p_1 \vee p_2 \vee p_3)$ 與 $n(p_1)+n(p_2)+n(p_3)-n(p_1 \wedge p_2)-n(p_2 \wedge p_3)-n(p_1 \wedge p_3)+n(p_1 \wedge p_2 \wedge p_3)$

   的值。

   （能利用邏輯語法的「區塊理論」說明「排容原理」的證明）

解：

2. (1)設 $p=p_1 \vee \sim p_1$，$n(p)=a$；$n(p_1 \vee p_2)=b$；$n(p_1 \wedge p_2)=c$；$n(\sim p_1 \wedge \sim p_2)=d$；$n(\sim p_1 \wedge \sim p_2)=e$。

   寫出 a、b、c、d、e 的兩個關係式。

   (2)設 $p=p_1 \vee \sim p_1$，$n(p)=a$；$n(p_1 \vee p_2 \vee p_3)=b$；$n(p_1 \wedge p_2 \wedge p_3)=c$；

   $n(\sim p_1 \vee \sim p_2 \vee \sim p_3)=d$；$n(\sim p_1 \wedge \sim p_2 \wedge \sim p_3)=e$。寫出 a、b、c、d、e 的兩個關係式。

   （能利用邏輯語法的「否定敘述」說明「排容原理」的推廣）

解：

貳、演練題

1. 二位正整數中，不是 70 的因數，也不是 84 的因數有多少個？

   解：

2. 小於 1000 的正整數中，

   (1)是 2、3、4、5、6 每一數的倍數有多少個？

   (2)不是 2、3、4、5、6 每一數的倍數有多少個？

   (3)是 2、3、4、5、6 其中任一數的倍數有多少個？

   (4)不是 2、3、4、5、6 其中任一數的倍數有多少個？

   解：

3. 120 名學生參加跑步、伏地挺身與仰臥起坐三項體能測驗，至少通過其中兩項體能測驗的有 96 名；只通過其中一項體能測驗的有 9 名，請問三項體能測驗都未通過的有多少名？

   解：

4. 1、2、3 三個數字排成三位數，

　　(1)1 是百位數字或 2 是十位數字或 3 是個位數字的數有多少個？

　　(2)1 不是百位數字，2 不是十位數字且 3 不是個位數字的數有多少個？

解：

5. 設 m、n、p 是正整數，比 180 小且與 $2^m \times 3^n \times 5^p$ 互質的正整數有多少個？

解：

6. 如圖，含 1 號矩形，但不含 2 號矩形的矩形有多少個？

解：

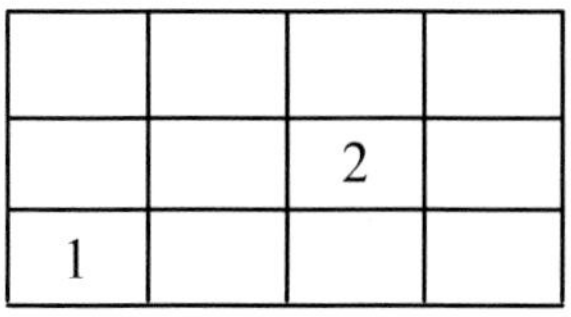

		2	
1			

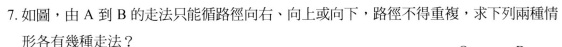

7. 如圖，由 A 到 B 的走法只能循路徑向右、向上或向下，路徑不得重複，求下列兩種情
形各有幾種走法？

(1)不過 P 且不過 Q。

(2)不過 P 或不過 Q。

解：

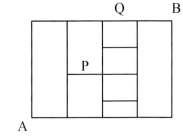

8. 根據對社區住戶訂閱甲、乙、丙三種報紙的調查，160 家住戶，訂閱甲報有 41 家；訂
閱乙報有 52 家；訂閱丙報有 63 家；甲報、乙報都不訂閱有 73 家；乙報、丙報都不訂
閱有 53 家；甲報、丙報都不訂閱有 63 家；至少有一種不訂閱有 158 家。

(1)三種報紙都不訂閱有多少家？　　(2)至少有兩種不訂閱有多少家？

(3)只有甲報不訂閱有多少家？　　(4)只有乙報不訂閱有多少家？

(5)只有丙報不訂閱有多少家？

解：

「商高定理」評量

壹、概念題

1. 如圖，$\triangle ABC$ 中，$\overline{CH} \perp \overline{AB}$，$\overline{BC} = a$；$\overline{AC} = b$；$\overline{AB} = c$。設 $a^2 + b^2 = c^2$，證明 $\angle ACB = 90°$。

（能利用「相似$\triangle$」的性質證明「商高定理」的逆定理）

解：

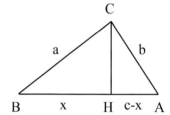

貳、演練題

1. 如圖，$\triangle ABC$ 與 $\triangle CDE$ 分別是邊長 4 與 6 正$\triangle$，求路線 $B \to A \to E \to D \to B$ 的長。

解：

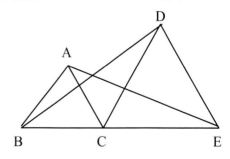

2. 如圖，半徑 1 與 3 的兩圓 O_1 與 O_2 外切，兩圓的內公切線與外公切線相交於 P，求下列各式的值。

(1) $\overline{PO_2}^2 + \overline{PO_1}^2$ 。　　　(2) $\overline{PO_2}^2 - \overline{PO_1}^2$ 。　　　(3) $\overline{PO_2} + \overline{PO_1}$ 。

解：

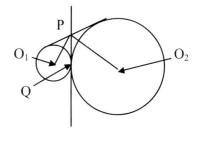

3. $\triangle ABC$ 中，$\overline{AB} = 6$ ，$\triangle ABC$ 的面積是 12，求 $\triangle ABC$ 周長的最小值。

解：

4. 如圖，正方形紙張 ABCD 的邊長是 18 公分，以 $\overline{EF}$ 為摺痕，恰可將 A 點摺到 BC 邊上的 G 點且 $\overline{BG}:\overline{GC}=1:2$ ，求四邊形 AEFD 的面積。

解：

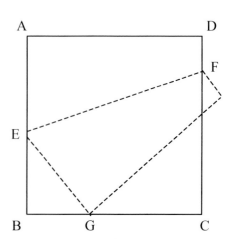

5. 如圖，$\overline{PA}\perp L$，$\overline{PA}=3$；$\overline{QB}\perp L$，$\overline{QB}=5$。$\overline{AB}=12$

   (1)設 L 上有一點 C，使 $\overline{CP}+\overline{CQ}$ 的值最小，求 $\overline{AC}$。

   (2)設 L 上有一點 D，使 $\overline{DP}^2+\overline{DQ}^2$ 的值最小，求 $\overline{AD}$。

解：

6. 如圖，長、寬分別是 10 與 8 的矩形 ABCD 內兩點 P 與 Q，P 到兩邊的距離是 1 與 5；Q 到兩邊的距離是 6 與 2。在 $\overline{AB}$ 上取一點 M；$\overline{BC}$ 上取一點 N，求 $\overline{PM}+\overline{MN}+\overline{NQ}$ 的最小值。

解：

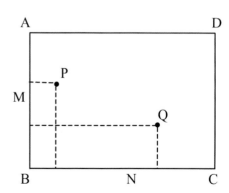

「特殊直角三角形」評量

評量類

壹、概念題

1. 完成下列表格。

直角△	最短邊長	另一股長	斜邊長
45°-45°-90°	1		
30°-60°-90°	1		
15°-75°-90°	1		
22.5°-67.5°-90°	1		

（能利用幾何性質導出「特殊直角△」三邊長）

解：

2. 已知一個直角△ABC 三邊長的比是 3:4:5，另一個直角△DEF 的一銳角是△ABC 最小銳角的一半，求△DEF 三邊長的比。

（能延伸導出「特殊直角△」三邊長的觀念）

解：

貳、演練題

1. 某人由點 A 朝東 60°北的方向走 8 公里到達點 B 後，再朝東 45°南的方向走 x 公里到達
   點 C。若點 C 恰好在點 A 的正東方，求 x 的值。

   解：

2. A、B、C 是圓 O 上三點，若 $\overline{AB}$=4，∠ACB=22.5°，求圓 O 的半徑。

   解：

3. 如圖，金字塔的底部 ABCD 是正方形，側面是四個正△：△PAB、△PAD、△PCD、
   △PBC。$\overline{PH}$ 與 $\overline{PQ}$ 分別是 ABCD 與△PCD 的高。求

   (1)∠PCH。　　　　　　(2)$\overline{PQ}$ 是 $\overline{PH}$ 的多少倍？

   解：

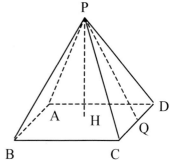

4. 如圖，矩形紙張 ABCD，沿著 $\overline{BE}$ 對摺，使得 C 落在 $\overline{BD}$ 上。若 $\overline{BC}=4$，$\overline{CD}=3$，求 $\overline{CE}$。
（利用角平分線比例性質或商高定理）

解：

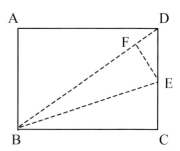

5. 如圖，矩形紙張 ABCD，沿著 $\overline{EF}$ 對摺，使得 B 與 D 重合。若 $\overline{BC}=4$，$\overline{CD}=3$，求 $\overline{DF}$ 與 $\overline{EF}$。

解：

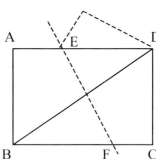

6. 如圖，正方形ABCD的邊長是1公分，固定A點逆時針旋轉30°，得正方形AB′C′D′。求 $\overline{CC'}$ 的長。

解：

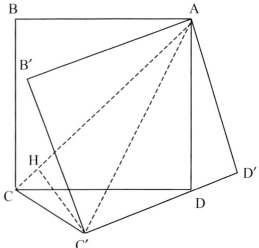

「三角形的心」評量

壹、概念題

1. 完成下列表格。

名稱	構成	性質
重心 G	△任兩邊中線的交點。	1. G恆在△內部。 2. G將中線分成兩線段，其比為(　　　)。 3. △一中線將△分成兩片(　　　)△；三中線將△分成六片(　　　)△；G將△分成三片(　　　)△。 4. 直角△斜邊上的中線等於(　　　)。
內心 I	△任兩內角平分線的交點。 △內切圓的圓心。	1. I恆在△內部。 2. $\overline{AD}$ 是△ABC角平分線，$\overline{AB}:\overline{AC}$ ＝(　　　)。 3. I將△ABC角平分線AD分成兩線段，其比為(　　　)。 4. I將△ABC分成三片△，其面積比等於(　　　)。 5. △ABC中，∠BIC與∠A的關係是(　　　)。 6. 直角△內切圓半徑等於(　　　)。
外心 O	△任兩邊中垂線的交點。 △外接圓的圓心。	1. O的位置：直角△一(　　　)； 　　銳角△一(　　　)；鈍角△一(　　　)。 2. 銳角△ABC中，∠BOC與∠A的關係是(　　　)； 　　鈍角△ABC中，∠BOC與∠A的關係是(　　　)。 3. 直角△外接圓半徑等於(　　　)。
垂心 H	△任兩邊高的交點。	1. H的位置：直角△一(　　　)； 　　銳角△一(　　　)；鈍角△一(　　　)。 2. △ABC中，∠BHC與∠A的關係是(　　　)。

傍心 P、Q、R	△任兩外角平分線的交點。	1. P、Q、R恆在△外部。 2. P是△ABC中∠B外角平分線與∠C外角平分線的交點，∠BPC與∠A的關係是(　　　)。

（能利用幾何性質導出「△的心」與基本性質）

解：

貳、演練題

1. 設 D、E、F 是正△ABC 三邊中點，求△ABC 外接圓與△DEF 內切圓面積的比值。

解：

2. 如圖，直角△ABC的面積是90，D、E是△ABC兩邊中點，求△DEF的面積。

解：

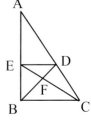

3. 已知△三邊長是 17、17、16，求

   (1)重心與內心的距離。　　　(2)重心與外心的距離。　　　(3)重心與垂心的距離。

解：

4. 已知△三邊長是 25、51、52，求

   (1)最長邊的中線長。   (2)最長邊的高。

   (3)內切圓半徑。   (4)外接圓半徑。

解：

5. 如圖，P 是△ABC 的傍心，$\overline{AB}=7$，$\overline{AC}=5$，$\overline{BC}=6$，求 $\overline{AP}：\overline{PD}$。

解：

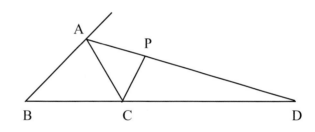

6. 如圖，正△DEF 在正△ABC 內，其邊長分別是 2 與 6。已知兩△有相同的重心 G，將

   兩△之間塗上藍色，若固定 G 旋轉△ABC，則藍色部分掃過的面積為何？

解：

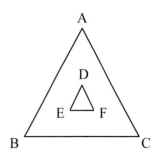

「孟氏定理」評量

壹、概念題

1. 如圖，證明「孟氏定理」：$\dfrac{\overline{CE}}{\overline{EA}} \times \dfrac{\overline{AB}}{\overline{BD}} \times \dfrac{\overline{DF}}{\overline{FC}} = 1$。

（能利用幾何性質導出「孟氏定理」，並記憶之。）

解：

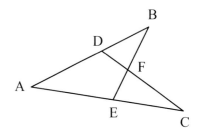

2. 如圖，證明「西瓦定理」：$\dfrac{\overline{AD}}{\overline{BD}} \times \dfrac{\overline{BE}}{\overline{CE}} \times \dfrac{\overline{CF}}{\overline{AF}} = 1$。

（能利用幾何性質導出「西瓦定理」，並記憶之。）

解：

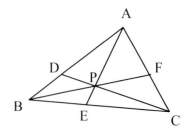

貳、演練題

1. 如圖，$\overline{PA}$ 與 $\overline{PC}$ 切圓於 A、C 兩點，直線 BC 與 AD 相交於 Q。若 ∠P＝40°，∠Q＝45°，求四邊形 ABCD 的四內角。

解：

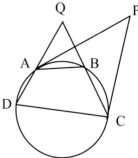

2. 如圖，△ABC 是正△，$\overline{AD} = \overline{DE} = \overline{EF} = \overline{FC} = \overline{BM} = \overline{BN}$，

　(1)證明 $\overline{MD} \mathbin{/\!/} \overline{NE}$ ，$\overline{ME} \mathbin{/\!/} \overline{NF}$ 。

　(2)求 ∠MDN＋∠MEN＋∠MFN 。

解：

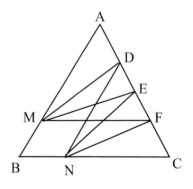

3. 如圖，△ABC 的內切圓之切點為 D、E、F，

   (1)證明 $\overline{AE}$ 、 $\overline{BF}$ 與 $\overline{CD}$ 相交於 P。

   (2)若 $\overline{AB}$ =7， $\overline{AC}$ =5， $\overline{BC}$ =6，求 $\overline{AP}$ ： $\overline{PE}$ 。

解：

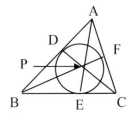

4. 如圖，直角△ABC， $\overline{AC}$ =8， $\overline{BC}$ =6，M 是 $\overline{AB}$ 中點， $\overline{AN}$ ： $\overline{NC}$ =3:1。

   求△MCP 的面積。

解：

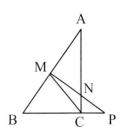

5. 如圖，ABCD 是平行四邊形， $\overline{BG}$ ： $\overline{CG}$ =2:1，求 $\overline{AE}$: $\overline{EF}$: $\overline{FC}$ 。

解：

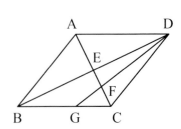

「幾何作圖」評量

評
量
類

壹、概念題

1. 利用直尺與圓規，完成下列各基本作圖。

等線段作圖	過線上一點垂線作圖	過線外一點垂線作圖
中垂線作圖	等角作圖	角平分線作圖

（能利用直尺與圓規，畫出幾何「基本作圖」。）

解：

評
量
類

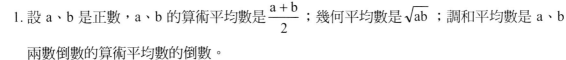

貳、演練題

1. 設 a、b 是正數，a、b 的算術平均數是 $\dfrac{a+b}{2}$；幾何平均數是 $\sqrt{ab}$；調和平均數是 a、b 兩數倒數的算術平均數的倒數。

(1)求 a、b 的調和平均數。

(2)已知兩線段長是 a、b，在同一圖形上，畫出 a、b 的算術平均數；幾何平均數與調和平均數。

解：

2. [已知]△ABC，∠C=90°。

[求作]一圓，使其圓心在 $\overline{AB}$ 上且與 $\overline{AC}$、$\overline{BC}$ 相切。

解：

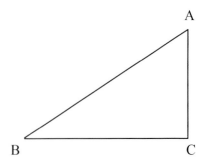

3. [已知]兩正方形 ABCD 與 EFGH。

   [求作]一正方形，使其面積是 ABCD 與 EFGH 的面積和。

解：

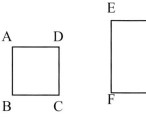

4. [已知]圓及圓外一點 P。

   [求作](1)圓的圓心 O。　　　　(2)過 P 作圓 O 的一切線。

解：

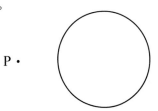

5. 如圖，長方形撞球台 ABCD，P 與 Q 各置一個白球與紅球，利用尺規作圖畫出白球碰撞 $\overline{AB}$，再碰撞 $\overline{BC}$，最後碰撞紅球的軌跡。

解：

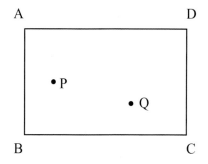

解答

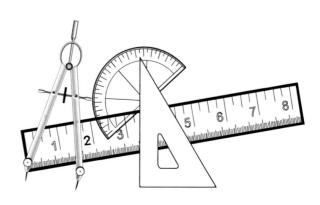

§主題一：邏輯語法－解答

1. 甲說：「我身高 170 公分且體重 60 公斤。」乙說：「我身高 170 公分或體重 60 公斤。」若甲說假話，乙說真話。分別說明甲、乙兩人身高與體重的真實情況。

解：

　　甲的身高與體重是「身高不是 170 公分或體重不是 60 公斤。」計有三種可能：一、身高 170 公分且體重不是 60 公斤。二、身高不是 170 公分且體重 60 公斤。三、身高不是 170 公分且體重不是 60 公斤。

　　乙的身高與體重是「身高 170 公分或體重 60 公斤。」計有三種可能：一、身高 170 公分且體重不是 60 公斤。二、身高不是 170 公分且體重 60 公斤。三、身高 170 公分且體重 60 公斤。

2. 敘述 p：a、b、c 全是正數。敘述 q：a、b、c 不全是正數。

　　敘述 r：a、b、c 全不是正數。敘述 s：a、b、c 不全不是正數。

　　(1)以數學符號與連接詞的邏輯語句寫出敘述 p、敘述 q、敘述 r 與敘述 s。

　　(2)四敘述 p、q、r 與 s 中，何者與何者互為否定敘述？

解：

　　(1)以數學符號與連接詞的邏輯語句寫出敘述 p：$a>0$ 且 $b>0$ 且 $c>0$。

　　　敘述 q：$a≤0$ 或 $b≤0$ 或 $c≤0$。敘述 r：$a≤0$ 且 $b≤0$ 且 $c≤0$。敘述 s：$a>0$ 或 $b>0$ 或 $c>0$。

　　(2)敘述 p 與敘述 q 互為否定敘述。

　　　敘述 r 與敘述 s 互為否定敘述。

3. 下列何者是 x>1 或 y>1 或 z>1 的否定敘述？

(1)x<1 且 y<1 且 z<1。　　　　　　　　(2)x<1 或 y<1 或 z<1。

(3)x≤1 且 y≤1 且 z≤1。　　　　　　　　(4)x≤1 或 y≤1 或 z≤1。

解：

(3)

4. 設 a 是正整數，寫出下列敘述的否定敘述。

(1)a 是質數且 a 不是 60 的因數。　　　　(2)a 不大於 30 或 a 與 30 互質。

解：

(1)a 不是質數或 a 是 60 的因數。

(2)a 大於 30 且 a 與 30 不互質。

5. (1)以數學符號與連接詞的邏輯語句，寫出(x，y)是坐標平面上第一象限的點。

(2)以數學符號與連接詞的邏輯語句，寫出(x，y)不是坐標平面上第一象限的點。

解：

(1)「(x，y)是坐標平面上第一象限的點」表示「x>0 且 y>0」。

(2)「(x，y)不是坐標平面上第一象限的點」表示「x≤0 或 y≤0」。

§ 「邏輯語法」評量－解答

壹、概念題

1. (1)完成下列「真值表」：T（True）代表真；F（False）代表假。

p	q	p∧q	p∨q	~(p∧q)	~(p∨q)	~p	~q	~p∧~q	~p∨~q
T	T								
T	F								
F	T								
F	F								

(2)利用「真值表」，寫出~(p∧q)、~(p∨q)、~p∧~q 與~p∨~q 四者中，那些為同義？

解：

(1)

p	q	p∧q	p∨q	~(p∧q)	~(p∨q)	~p	~q	~p∧~q	~p∨~q
T	T	T	T	F	F	F	F	F	F
T	F	F	T	T	F	F	T	F	T
F	T	F	T	T	F	T	F	F	T
F	F	F	F	T	T	T	T	T	T

(2)~(p∧q)與~p∨~q 同義；~(p∨q)與~p∧~q 同義。

貳、演練題

1. (1)「a、b、c 全是 0」表示 a=0 且 b=0 且 c=0。仿照此種寫法，將「a、b、c 全不是 0」、
　　　「a、b、c 不全是 0」與「a、b、c 不全不是 0」以連接詞表示。

　(2)「a、b、c 全是 0」可以用 $a^2+b^2+c^2=0$ 表示。仿照此種寫法，將「a、b、c 全不是 0」、
　　　「a、b、c 不全是 0」與「a、b、c 不全不是 0」以方程式或不等式表示。

　(3)「a、b、c 全是 0」、「a、b、c 全不是 0」、「a、b、c 不全是 0」、「a、b、c 不全
　　　不是 0」四個敘述與下列四個敘述「a、b、c 皆為 0」、「a、b、c 皆不為 0」、「a、
　　　b、c 至少有一為 0」、「a、b、c 至少有一不為 0」那些為同義？

解：

　(1)「a、b、c 全不是 0」表示 a≠0 且 b≠0 且 c≠0。

　　　「a、b、c 不全是 0」表示 a≠0 或 b≠0 或 c≠0。

　　　「a、b、c 不全不是 0」表示 a=0 或 b=0 或 c=0。

　(2)「a、b、c 全不是 0」表示 abc≠0。

　　　「a、b、c 不全是 0」表示 $a^2+b^2+c^2\neq0$。

　　　「a、b、c 不全不是 0」表示 abc=0。

　(3)「a、b、c 全是 0」與「a、b、c 皆為 0」同義。

　　　「a、b、c 全不是 0」與「a、b、c 皆不為 0」同義。

　　　「a、b、c 不全是 0」與「a、b、c 至少有一不為 0」同義。

　　　「a、b、c 不全不是 0」與「a、b、c 至少有一為 0」同義。

2. 設 p_1、p_2、……、p_n 是敘述。$p_1 \vee p_2$ 有 $p_1 \wedge p_2$、$\sim p_1 \wedge p_2$、$p_1 \wedge \sim p_2$ 三種可能；$p_1 \vee p_2 \vee p_3$
　有 $p_1 \wedge p_2 \wedge p_3$、$\sim p_1 \wedge p_2 \wedge p_3$、$p_1 \wedge \sim p_2 \wedge p_3$、$p_1 \wedge p_2 \wedge \sim p_3$、$\sim p_1 \wedge \sim p_2 \wedge p_3$、$\sim p_1 \wedge p_2 \wedge \sim p_3$、
　$p_1 \wedge \sim p_2 \wedge \sim p_3$ 七種可能；……，請問 $p_1 \vee p_2 \vee \cdots \vee p_n$ 有幾種可能？

解：

　□∨□∨……∨□中每一空格有 p_i 與 $\sim p_i$ 二種填法。共有 2^n 種。

　扣除 $\sim p_1 \wedge \sim p_2 \wedge \cdots \wedge \sim p_n$ 共有 2^n-1 種。

3. (1)四個圓最多分割平面成幾個區域？

(2)承上題，設四個圓分別代表敘述 p、q、r、s，畫圖說明 p∧q∧r∧s、~p∧q∧r∧s、

p∧~q∧r∧s、……中有兩個不在四個圓分割平面的區域內。

解：

(1)

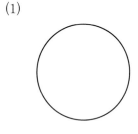
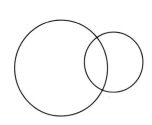
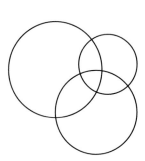

1 個圓　　　　　　　　2 個圓　　　　　　　　3 個圓

分割平面成 2 個區域。　分割平面成 2+2 個區域。　分割平面成 2+2+4 個區域。

　　　　　　　　　　　（增加2個交點；2個弧）　（增加4個交點；4個弧）

任兩圓最多有兩交點。四個圓最多 6 個交點；6 個弧，分割平面成 2+2+4+6=14 個區域。

(2)

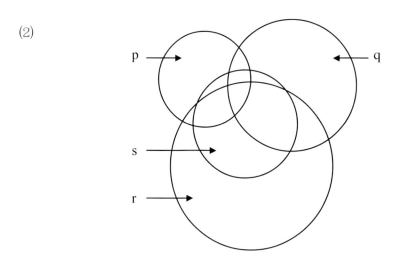

p∧q∧r∧~s 不在 14 個區域內。（p∧q∧r 的區域在 s 區域內）

~p∧~q∧~r∧s 不在 14 個區域內。（~p∧~q∧~r 的區域與 s 區域不相交）

§主題二：證明方法－解答

1. 寫出「若我是你父親，則我給你 10 元。」的否命題、逆命題與否逆命題。

解：

「若我是你父親，則我給你 10 元」的否命題是「若我不是你父親，則我不給你 10 元」。

「若我是你父親，則我給你 10 元」的逆命題是「若我給你 10 元，則我是你父親」。

「若我是你父親，則我給你 10 元」的否逆命題是「若我不給你 10 元，則我不是你父親」。

2. (1)某無色溶液 X 加入微量酒精就呈現紅色，今將飲料 A 取適量倒入 X，X 仍無色。飲料 B 取適量倒入 X，X 呈現紅色。能否斷定飲料 A 不含酒精？能否斷定飲料 B 確含酒精？

   (2)若無色溶液 X 只有在加入微量酒精會呈現紅色，今將飲料 B 取適量倒入 X，X 呈現紅色。能否斷定飲料 B 確含酒精？

解：

(1)A 含酒精⇒X 加入 A 就呈現紅色。但 X 仍無色。與事實不符，表示 A 不含酒精。

   B 不含酒精⇒X 加入 B 就呈現無色或紅色。不能斷定飲料 B 確含酒精。

(2)B 不含酒精⇒X 加入 B 就呈現無色。與事實不符，表示 B 確含酒精。

3. 已知 a 是整數，證明

   (1)a 是 3 的倍數⇒a^2 是 3 的倍數。　　　(2)a^2 是 3 的倍數⇒a 是 3 的倍數。

解：

(1)a 是 3 的倍數⇒a=3k，k 是整數⇒$a^2=9k^2=3(3k^2)$ 是 3 的倍數。

(2)a 不是 3 的倍數⇒a=3k+1 或 3k+2，k 是整數。

   Case1. a=3k+1⇒$a^2=(3k+1)^2=9k^2+6k+1=3(3k^2+2k)+1$ 不是 3 的倍數。

   Case2. a=3k+2⇒$a^2=(3k+2)^2=9k^2+12k+4=3(3k^2+4k+1)+1$ 不是 3 的倍數。

   由反證法得證。

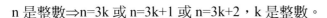
4. 設 n 是正整數，證明 n^2-2 不是 3 的倍數。

解：

   n 是整數$\Rightarrow$n=3k 或 n=3k+1 或 n=3k+2，k 是整數。

     Case1. n=3k$\Rightarrow n^2-2=9k^2-2=3(3k^2-1)+1$ 不是 3 的倍數。

     Case2. n=3k+1$\Rightarrow n^2-2=9k^2+6k-1=3(3k^2+2k-1)+2$ 不是 3 的倍數。

     Case3. n=3k+2$\Rightarrow n^2-2=9k^2+12k+2=3(3k^2+4k)+2$ 不是 3 的倍數。

   n 是正整數$\Rightarrow n^2-2$ 不是 3 的倍數。

5. 已知 a、b 是正數，證明

   (1)$a>b\Rightarrow a^2>b^2$。   (2)$a^2>b^2\Rightarrow a>b$。

解：

   (1)$a^2-b^2=(a+b)(a-b)\cdots\cdots$①。

     a、b 是正數$\Rightarrow a+b>0\cdots\cdots$②。

     $a>b\Rightarrow a-b>0\cdots\cdots$③。

     由①、②、③：$a^2-b^2=(a+b)(a-b)>0\Rightarrow a^2>b^2$。

   (2)$a^2-b^2=(a+b)(a-b)>0\cdots\cdots$①。

     a、b 是正數$\Rightarrow a+b>0\cdots\cdots$②。

     由①、②：$a-b>0\Rightarrow a>b$。

6. 如圖，$\overline{AD}$ 平分$\angle CAE$，證明$\overline{AB}:\overline{AC}=\overline{BD}:\overline{CD}$。

   （此性質為「△外角平分線比例性質」）

解：

   $\overline{AD}$ 平分$\angle CAE\Rightarrow\angle 1=\angle 2$。

   作$\overline{CF}\,/\!/\,\overline{AD}\Rightarrow\angle 1=\angle 4$，$\angle 3=\angle 2$。

   $\angle 3=\angle 4\Rightarrow\overline{AC}=\overline{AF}$。

   $\overline{AB}:\overline{AC}=\overline{AB}:\overline{AF}=\overline{BD}:\overline{CD}$。

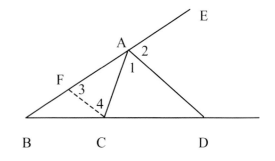

7. 如圖，$\overline{AD}$ 是△ABC 的中線，G 是重心，證明 $\overline{AG}：\overline{GD}=2:1$。

（此性質為「△重心性質」）

解：

在直線 AD 上取一點 F，使得 $\overline{AG}=\overline{GF}$，連接 B、F 與 C、F。

$\overline{AM}=\overline{BM}$，$\overline{AG}=\overline{CF}$ ⇒直線 MG// $\overline{BF}$。同理，直線 NG// $\overline{CF}$。

GBFC 是平行四邊形⇒$\overline{GF}=2\overline{GD}$ ⇒ $\overline{AG}=2\overline{GD}$

⇒$\overline{AG}:\overline{GD}=2:1$。

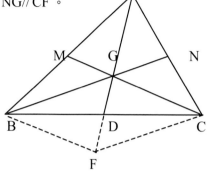

8. 如圖，正方形紙張ABCD對摺後復原，產生摺痕 $\overline{EF}$。沿著 $\overline{CH}$ 對摺使得D落在 $\overline{EF}$ 上，

證明∠GCH=30°。

證明：

△CDH≅△CGH⇒$\overline{CG}=\overline{CD}$，∠GCH=∠DCH。

$\overline{CD}=2\overline{CF}$ ⇒ $\overline{CG}=2\overline{CF}$。

∠GFC=90°⇒∠GCF=60°

⇒∠GCH=∠DCH=30°。

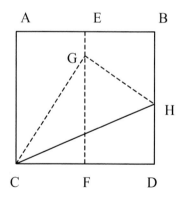

§ 「證明方法」評量一解答

壹、概念題

1. (1)完成下列「真值表」：T（True）代表真；F（False）代表假。

p	q	p→q	q→p	~p	~q	~p→~q	~q→~p
T	T	T					
T	F	F					
F	T	T					
F	F	T					

(2)利用「真值表」，寫出 p→q、q→p、~p→~q 與~q→~p 四者中，那些為同義？

解：

(1)

p	q	p→q	q→p	~p	~q	~p→~q	~q→~p
T	T	T	T	F	F	T	T
T	F	F	T	F	T	T	F
F	T	T	F	T	F	F	T
F	F	T	T	T	T	T	T

(2)p→q 與~q→~p 同義。q→p 與~p→~q 同義。

2. 「設 a、b、c 是正整數，a>b>c，a+b+c=7，求 c 的最大值。」指出為何以下列方式得「c 的最大值是 2」與事實不符？ a>b>c⇒a+b+c>3c⇒3c<7⇒c<2.333……⇒c 的最大值是 2。

解：

由 c<2.333……只能說 c 的最大值小於或等於 2。此外，當 c=2 時，「a>b>c⇒a+b+c>3c」的逆命題「a+b+c>3c⇒a>b>c」不成立。亦即當 c=2 時，a+b+2>6 且 a+b+2=7；不存在正整數 a、b 滿足 a>b>2，a+b+2>6 且 a+b+2=7。

貳、演練題

1. (1)利用連續三正整數中必有一個3的倍數，證明三個連續正整數的立方和必為9的倍數。

   (2)「數學歸納法」的原理類似「骨牌效應」，證明的步驟為：

   Step1. $n=1$時，原式成立。

   Step2. $n=k$時，原式成立$\Rightarrow n=k+1$時，原式成立。

   利用「數學歸納法」，證明三個連續正整數的立方和必為9的倍數。

解：

   (1)設三正整數是 k、$k+1$、$k+2$。

   $k^3+(k+1)^3+(k+2)^3=k^3+k^3+3k^2+3k+1+k^3+6k^2+12k+8=3k^3+9k^2+15k+9=3k(k^2+5)+9k^2+9$

   $=3k[(k+1)(k+2)-3k+3]+9k^2+9=3k(k+1)(k+2)-9k^2+9k+9k^2+9$

   $=3k(k+1)(k+2)+9k+9$。

   $k(k+1)(k+2)$是 3 的倍數$\Rightarrow 3k(k+1)(k+2)+9k+9$ 是 9 的倍數

   $\Rightarrow k^3+(k+1)^3+(k+2)^3$ 是 9 的倍數。

   (2)Step1. $n=1$ 時，$1^3+2^3+3^3=36$ 是 9 的倍數。

   Step2. $n=k$ 時，$k^3+(k+1)^3+(k+2)^3$ 是 9 的倍數$\Rightarrow k^3+(k+1)^3+(k+2)^3=9m$。

   $(k+1)^3+(k+2)^3+(k+3)^3=(k+1)^3+(k+2)^3+k^3+9k^2+27k+27=9m+9(k^2+3k+3)$是 9 的倍數。

   由數學歸納法得證。

2. 證明三個數平方的算術平均數大於或等於此三個數算術平均數的平方。

解：

   設三數是 a、b、c。

   $$\frac{a^2+b^2+c^2}{3}-(\frac{a+b+c}{3})^2$$

   $$=\frac{3a^2+3b^2+3c^2-a^2-b^2-c^2-2ab-2ac-2bc}{9}$$

   $$=\frac{2a^2+2b^2+2c^2-2ab-2ac-2bc}{9}$$

   $$=\frac{(a-b)^2+(b-c)^2+(c-a)^2}{9}\geq 0$$

   $$\Rightarrow \frac{a^2+b^2+c^2}{3}\geq(\frac{a+b+c}{3})^2$$

解答

3. 正整數中，那些數的立方減去 1 以後，是 3 的倍數？

解：

    Case1. $a=3k \Rightarrow a^3-1=27k^3-1=3(9k^3-1)+2$ 不是 3 的倍數。

    Case2. $a=3k+1 \Rightarrow a^3-1=27k^3+27k^2+9k+1-1=3(9k^3+9k^2+3k)$ 是 3 的倍數。

    Case3. $a=3k+2 \Rightarrow a^3-1=27k^3+54k^2+36k+8-1=3(9k^3+18k^2+12k+2)+1$ 不是 3 的倍數。

    正整數中，3 的倍數加 1 的數，其立方減去 1 以後，是 3 的倍數。

4. (1)已知 a 是整數，證明 a^2 是 5 的倍數 $\Rightarrow$ a 是 5 的倍數。

   (2)利用(1)，證明 $\sqrt{5}$ 是無理數。

解：

   (1)設 a 不是 5 的倍數。

     Case1. $a=5k+1 \Rightarrow a^2=(5k+1)^2=25k^2+10k+1=5(5k^2+2k)+1$ 不是 5 的倍數。

     Case2. $a=5k+2 \Rightarrow a^2=(5k+2)^2=25k^2+20k+4=5(5k^2+4k)+4$ 不是 5 的倍數。

     Case3. $a=5k+3 \Rightarrow a^2=(5k+3)^2=25k^2+30k+9=5(5k^2+6k+1)+4$ 不是 5 的倍數。

     Case4. $a=5k+4 \Rightarrow a^2=(5k+4)^2=25k^2+40k+16=5(5k^2+8k+3)+1$ 不是 5 的倍數。

     由反證法得證。

   (2)設 $\sqrt{5}=\dfrac{q}{p}$，p、q 互質 $\Rightarrow 5=\dfrac{q^2}{p^2} \Rightarrow q^2=5p^2 \Rightarrow q^2$ 是 5 的倍數 $\Rightarrow q$ 是 5 的倍數。

     令 $q=5m \Rightarrow 25m^2=5p^2 \Rightarrow p^2=5m^2 \Rightarrow p^2$ 是 5 的倍數 $\Rightarrow p$ 是 5 的倍數。與 p、q 互質不合。

     由反證法得證。

§主題三：鴿籠定理－解答

1. 將△分成直角△、銳角△與鈍角△三類。

  (1)若有四個△，則至少有二個△同類。試證之。

  (2)若有七個△，則至少有三個△同類。試證之。

解：

  (1)設直角△有 x_1 個、銳角△有 x_2 個、鈍角△有 x_3 個。

  $x_1+x_2+x_3=4$，x_1、x_2、x_3 是正整數或 0。

  設「至少有二個△同類」不成立 $\Rightarrow$（$x_1 \geq 2$ 或 $x_2 \geq 2$ 或 $x_3 \geq 2$）不成立

  $\Rightarrow x_1 \leq 1$，$x_2 \leq 1$，$x_3 \leq 1 \Rightarrow x_1+x_2+x_3 \leq 3$，與 $x_1+x_2+x_3=4$ 不合。

  由反證法得證。

  (2)設直角△有 x_1 個、銳角△有 x_2 個、鈍角△有 x_3 個。

  $x_1+x_2+x_3=7$，x_1、x_2、x_3 是正整數或 0。

  設「至少有三個△同類」不成立 $\Rightarrow$（$x_1 \geq 3$ 或 $x_2 \geq 3$ 或 $x_3 \geq 3$）不成立

  $\Rightarrow x_1 \leq 2$，$x_2 \leq 2$，$x_3 \leq 2 \Rightarrow x_1+x_2+x_3 \leq 6$，與 $x_1+x_2+x_3=7$ 不合。

  由反證法得證。

2. 將坐標平面分成第一象限、第二象限、第三象限、第四象限、x 軸與 y 軸六個區域。今坐標平面上有八個點，則至少有二個點在同一區域。試證之。

解：

  設第一至第四象限的點分別有 x_1、x_2、x_3、x_4 個，x 軸與 y 軸上的點分別有 x_5、x_6 個。

  $x_1+x_2+x_3+x_4+x_5+x_6=8$，$x_1$、$x_2$、$x_3$、$x_4$、$x_5$、$x_6$ 是正整數或 0。

  設「至少有二個點在同一區域」不成立 $\Rightarrow$（$x_1 \geq 2$ 或 $x_2 \geq 2$ 或……或 $x_6 \geq 2$）不成立

  $\Rightarrow x_1 \leq 1$，$x_2 \leq 1$，……，$x_6 \leq 1 \Rightarrow x_1+x_2+\cdots\cdots+x_6 \leq 6$，與 $x_1+x_2+x_3+x_4+x_5+x_6=8$ 不合。

  由反證法得證。

3. (1)設 p 是異於 2、5 的質數，證明存在一個正整數 n，使得 p 是 10^n-1 的因數。

  (2)設 p、q 是異於 2、5 的相異質數，利用(1)的結果，證明存在一個正整數 n，使得 pq 是 10^n-1 的因數。

解：

(1) 10^1-1、10^2-1、……、$10^{p+1}-1$ 共 $p+1$ 個數，

 此 $p+1$ 個數分別除以 p 的餘數只有 p 種可能

 $\Rightarrow 10^1-1$、10^2-1、……、$10^{p+1}-1$ 除以 p 的餘數中，至少有二個相等。

 設 10^a-1 與 10^b-1 除以 p 的餘數都是 r，$1 \leq b < a \leq p+1$

 $\Rightarrow 10^a-1=pq_1+r$、$10^b-1=pq_2+r \Rightarrow (10^a-1)-(10^b-1)=(pq_1+r)-(pq_2+r)$

 $\Rightarrow 10^a-10^b=p(q_1-q_2) \Rightarrow 10^b(10^{a-b}-1)=p(q_1-q_2)$

 $\Rightarrow p$ 是 $10^b(10^{a-b}-1)$ 的因數。

 p 是異於 2、5 的質數 $\Rightarrow p$ 不是 10^b 的因數 $\Rightarrow p$ 是 $10^{a-b}-1$ 的因數。

 取 $n=a-b$，存在一個正整數 n，使得 p 是 10^n-1 的因數。

(2) p 是異於 2、5 的質數 $\Rightarrow$ 存在一個正整數 c，使得 p 是 10^c-1 的因數。

 q 是異於 2、5 的質數 $\Rightarrow$ 存在一個正整數 d，使得 q 是 10^d-1 的因數。

 取 $n=[c，d] \Rightarrow p$ 是 10^n-1 的因數；q 是 10^n-1 的因數。

 p、q 是相異質數 $\Rightarrow pq$ 是 10^n-1 的因數。

4.(1)如圖，長方形紙張的長邊 a_1、短邊 a_2，$a_1 > a_2$，a_1、a_2 是正整數。平行短邊 a_2 連續剪下正方形，直到剩下另一個長方形紙張，其長邊 a_2、短邊 a_3，$a_2 > a_3$。依照相同的方式繼續進行，……。證明最後一定能裁剪出有限個正方形。即存在一正整數 n，使得 $a_n = 0$，$a_{n-1} \neq 0$。

(2)承上題，設 $a_1 = 150$、$a_2 = 13$，求正整數 n，使得 $a_n = 0$，$a_{n-1} \neq 0$。

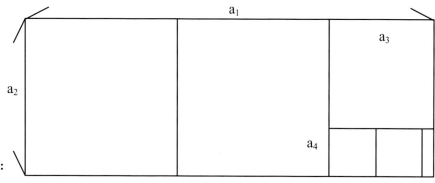

解：

(1)$a_1 \div a_2 \cdots\cdots a_3$；$a_2 \div a_3 \cdots\cdots a_4$；$a_3 \div a_4 \cdots\cdots a_5$；……

$\Rightarrow a_1 > a_2 > a_3 > a_4 > a_5 > \cdots\cdots$。

取 $m = a_1 + 1$，設 a_1、a_2、……、a_m 都不為 0

$\Rightarrow a_1$、a_2、……、a_m 有 m 個數，最大為 $a_1 = m-1$

$\Rightarrow a_1$、a_2、……、a_m 中至少有二數相等，與 $a_1 > a_2 > a_3 > \cdots\cdots > a_{m-1} > a_m$ 不合。

a_1、a_2、……、a_m 中至少有一數為 0 $\Rightarrow$ 存在一正整數 k，使得 $a_k = 0$。

設 n 是最小的正整數，使得 $a_n = 0 \Rightarrow a_{n-1} \neq 0$。$a_{n-1}$ 是最後一個正方形的邊長。

設 $a_1 \div a_2 = q_1 \cdots\cdots a_3$；$a_2 \div a_3 = q_2 \cdots\cdots a_4$；……；$a_{n-3} \div a_{n-2} = q_{n-3} \cdots\cdots a_{n-1}$；

$a_{n-2} \div a_{n-1} = q_{n-2} \cdots\cdots a_n$(其中 $a_n = 0$)$\Rightarrow$ 最後能裁剪出 $q_1 + q_2 + \cdots\cdots + q_{n-2}$ 正方形

$\Rightarrow$ 最後一定能裁剪出有限個正方形。

(2)$a_1 \div a_2 \cdots\cdots a_3 \Rightarrow 150 \div 13 \cdots\cdots 7 \Rightarrow a_3 = 7$；

$a_2 \div a_3 \cdots\cdots a_4 \Rightarrow 13 \div 7 \cdots\cdots 6 \Rightarrow a_4 = 6$；

$a_3 \div a_4 \cdots\cdots a_5 \Rightarrow 7 \div 6 \cdots\cdots 1 \Rightarrow a_5 = 1$；

$a_4 \div a_5 \cdots\cdots a_6 \Rightarrow 6 \div 1 \cdots\cdots 0 \Rightarrow a_6 = 0$。

$n = 6$，使得 $a_n = 0$，$a_{n-1} \neq 0$。

「鴿籠定理」評量一解答

壹、概念題

1. 證明

(1)十隻鴿子分配到六個鴿籠，至少有一個鴿籠有二隻以上（含二隻）的鴿子。

(2)十隻鴿子分配到四個鴿籠，至少有一個鴿籠有三隻以上（含三隻）的鴿子。

解：

(1)設 6 個鴿籠分別有 x_1、x_2、……、x_6 隻鴿子。$x_1+x_2+……+x_6=10$，x_i 是正整數或 0。

設「至少有一個鴿籠棲息 2 隻或 2 隻以上的鴿子」不成立

$\Rightarrow$（$x_1 \geq 2$ 或 $x_2 \geq 2$ 或……或 $x_6 \geq 2$）不成立$\Rightarrow x_1 \leq 1$，$x_2 \leq 1$，……，$x_6 \leq 1$

$\Rightarrow x_1+x_2+……+x_6 \leq 6$。與 $x_1+x_2+……+x_6=10$ 不合。由反證法得證。

(2)設 4 個鴿籠分別有 x_1、x_2、x_3、x_4 隻鴿子。$x_1+x_2+x_3+x_4=10$，x_i 是正整數或 0。

設「至少有一個鴿籠棲息 3 隻或 3 隻以上的鴿子」不成立

$\Rightarrow$（$x_1 \geq 3$ 或 $x_2 \geq 3$ 或 $x_3 \geq 3$ 或 $x_4 \geq 3$）不成立$\Rightarrow x_1 \leq 2$，$x_2 \leq 2$，$x_3 \leq 2$，$x_4 \leq 2$

$\Rightarrow x_1+x_2+x_3+x_4 \leq 8$。與 $x_1+x_2+x_3+x_4=10$ 不合。由反證法得證。

貳、演練題

1. n 個人分別投擲兩粒相同的骰子，下列條件恆成立時，求 n 的最小值。

(1)至少有兩個人投擲的點數和相同。

(2)至少有兩個人投擲的點數相同。

解：

(1)點數和相同的情形有 2 點、3 點、……、12 點。共有 12-2+1=11 種情形。

n 的最小值是 12。

(2)點數相同的情形有 6+5+4+3+2+1=21 種情形。n 的最小值是 22。

2. (1)1、11、111、1111、……中，至少有一個是 23 的倍數。試證之。

　(2)利用(1)，證明「分母是 23 的最簡分數可以擴分為分母是 99……99 的分數」。即此分數可以化為小數點第一位就開始循環的純循環小數。

解：

　(1)取 1、11、111、1111、……、11……11 共 24 個數。

　　此 24 個數分別除以 23，所得餘數至少有 2 個相等。

　　設 11……11 與 11……11 除以 23，所得餘數相等。m>n。
　　　　└ m 個 ┘　　└ n 個 ┘

　　⇒11……11-11……11=23k⇒23 是 11……110……0 的因數
　　　└ m 個 ┘└ n 個 ┘　　　　　└m-n個┘

　　⇒23 是 11……11 的因數。

　　1、11、111、1111、……中，至少有一個是 23 的倍數。

　(2)設 11……11=23q⇒99……99=23×9q。

　　分子與分母同時乘以 9q，可以擴分為分母是 99……99 的分數。

3. (1)已知 a、b、c 是整數，a、b 互質，設 b 是 ac 的因數，利用 a 與 b 的標準分解式，證明 b 是 c 的因數。

　(2)利用(1)，已知 a、b 是互質的兩整數，a>b>1，則分別以 a、2a、3a、……、(b-1)a 為被除數，b 為除數，所得的餘數恰有一個為 1。

　(3)利用(2)，證明「(a，b)=1⇒存在一組整數 m 與 n，使得 ma+nb=1」。

　（「最大公因數表現定理」為存在一組整數 m 與 n，使得 ma+nb=(a，b)。）

解：

　(1)設 a 與 b 的標準分解式是 $a=a_1^{m_1} \times a_2^{m_2} \times \cdots \times a_p^{m_p}$；$b=b_1^{n_1} \times b_2^{n_2} \times \cdots \times b_q^{n_q}$。

　　a、b 互質⇒a_1、a_2、……、a_p、b_1、b_2、……、b_q 是相異質數。

　　b 是 ac 的因數⇒$b_1^{n_1} \times b_2^{n_2} \times \cdots \times b_q^{n_q}$ 是 $a_1^{m_1} \times a_2^{m_2} \times \cdots \times a_p^{m_p} \times c$ 的因數

　　⇒$c=k \times b_1^{n_1} \times b_2^{n_2} \times \cdots \times b_q^{n_q}$⇒$b=b_1^{n_1} \times b_2^{n_2} \times \cdots \times b_q^{n_q}$ 是 c 的因數。

解答

(2)設 ka 除以 b 的商是 q_k，餘數是 r_k。k=1、2、……、b。

設 $r_s=r_t \Rightarrow sa-bq_s=ta-bq_t \Rightarrow (s-t)a=b(q_s-q_t) \Rightarrow$ b 是 (s-t)a 的因數。

其中 $1 \le t<s \le b \Rightarrow 1 \le s-t \le b-1$。

a、b 互質，b 是 (s-t)a 的因數 $\Rightarrow$ b 是 s-t 的因數。與事實不合。

$1 \le t<s \le b \Rightarrow r_s \ne r_t \Rightarrow$ 分別以 a、2a、3a、……、(b-1)a、ba 為被除數，b 為除數，所得的餘數都不相等。而所得的餘數可能是 0 或 1 或……或 b-1。

ba 除以 b 的餘數是 $0 \Rightarrow$ 分別以 a、2a、3a、……、(b-1)a 為被除數，b 為除數，所得的餘數恰有一個為 1。

(3)設 ca 除以 b 的商是 q_c，餘數 $r_c=1 \Rightarrow ca-q_cb=1$。取 m=c，$n=-q_c \Rightarrow ma+nb=1$。

附註：

Case1. 本題(3)：證明「(a，b)=1 $\Rightarrow$ 存在一組整數 m 與 n，使得 ma+nb=1」。可以由「輾轉相除法」推得。

Case2. 由(3)可以推得(1)：「已知 a、b、c 是整數，a、b 互質，設 b 是 ac 的因數，則 b 是 c 的因數。」證明如下：

(a，b)=1 $\Rightarrow$ 存在一組整數 m 與 n，使得 ma+nb=1 $\Rightarrow$ mac+nbc=c。

b 是 ac 的因數、b 是 bc 的因數 $\Rightarrow$ b 是 mac+nbc 的因數 $\Rightarrow$ b 是 c 的因數。

Case3. 由(1)與(3)可以推得(2)：「分別以 a、2a、……、(b-1)a 為被除數，b 為除數，所得的餘數恰有一個為 1。」證明如下：

(a，b)=1 $\Rightarrow$ 存在一組整數 m 與 n，使得 ma+nb=1 $\Rightarrow$ (m-bt)a+(n+at)b=1。

取 t 為 m 除以 b 的商，餘數為 m-bt，$0 \le m-bt \le b-1$。

但 m-bt=0 $\Rightarrow$ (n+at)b=1 $\Rightarrow$ b=1(不合) $\Rightarrow 1 \le m-bt \le b-1$。

(m-bt)a=-(n+at)b+1 $\Rightarrow$ a、2a、……、(b-1)a 中，(m-bt)a 除以 b 的餘數是 1。

設 a、2a、……、(b-1)a 中，ra 與 sa 除以 b 的餘數是 1 $\Rightarrow ra=bq_1+1$、$sa=bq_2+1$ $\Rightarrow (r-s)a=b(q_1-q_2) \Rightarrow$ b 是 (r-s)a 的因數。a、b 互質 $\Rightarrow$ b 是 r-s 的因數 $\Rightarrow$ r=s。

分別以 a、2a、……、(b-1)a 為被除數，b 為除數，所得的餘數恰有一個為 1。

§ 主題四：高斯記號－解答

1.(1)以高斯記號表示 1、2、3、……、40 中 3 的倍數的個數。

  (2)以高斯記號表示 41、42、43、……、90 中 3 的倍數的個數。

解：

  (1)$[\dfrac{40}{3}]$。   (2)$[\dfrac{90}{3}]-[\dfrac{40}{3}]$。

2. 自 A 點，每隔 10 個單位種植一棵樹。分別求出下列二圖種樹的數目。

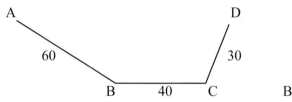 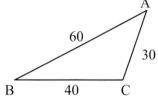

解：

  左圖：$[\dfrac{60+40+30}{10}]+1=14$。右圖：$[\dfrac{60+40+30}{10}]=13$。

  左圖種樹 14 棵。右圖種樹 13 棵。

3. 不大於 100 的自然數中，與 12 互質者有多少個？

解：

  $12=2^2\times3$。「與 12 互質者」表示「不是 2 的倍數，也不是 3 的倍數。」

  有$100-[\dfrac{100}{2}]-[\dfrac{100}{3}]+[\dfrac{100}{6}]=100-50-33+16=33$。

  不大於 100 的自然數中，與 12 互質者有 33 個。

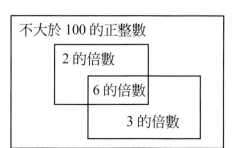

4. 從 1、2、3、……寫到 666。

(1)個位數字的 5 寫了多少個？　　　　(2)十位數字的 5 寫了多少個？

(3)百位數字的 5 寫了多少個？　　　　(4)總共寫了多少個 5？

解：

答

(1)個位數字為 5 的數有 5、15、25、……、665。

　　個位數字的 5 寫了$[\frac{666}{10}]+1$=67 個。

(2)十位數字為 5 的數有 5□、15□、25□、……、65□。

　　十位數字的 5 寫了$([\frac{666}{100}]+1)\times10$=70 個。

(3)百位數字為 5 的數有 5□□。

　　百位數字的 5 寫了$([\frac{666}{1000}]+1)\times100$=100 個。

(4)總共寫了 67+70+100=237 個 5。

5. 旅客搭乘飛機，航空公司規定個人托運行李 6 公斤以下（不含 6 公斤）免費，超過 6 公斤的收費方式是 6-8 公斤（含 6 公斤，不含 8 公斤）收費 15 元，8-10 公斤（含 8 公斤，不含 10 公斤）再增收 15 元，……，以後每增加 2 公斤增收費用 15 元。

(1)某人托運行李 16.6 公斤，應付費用多少元？

(2)某人托運行李 x 公斤(x>6)，應付費用多少元？

解：

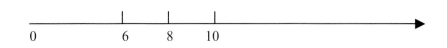

(1)(16.6-6)÷2=5.3，15×(5+1)=90。應付費用 90 元。

(2)$15([\frac{x-6}{2}]+1)$。

6. 250 枚 1 元硬幣分散到 A、B、C、D、E、F 六個樸滿。從六個樸滿中選出錢數領先的四個，請問樸滿 A 至少應有多少元，可篤定其錢數為領先的四個之一？

解：

將錢數最少的二個樸滿的錢集中，樸滿 A 在四個錢數領先的樸滿與集中錢數之五者中不可殿後。250÷(4+1)=50，50+1=51。樸滿 A 至少應有 51 元，可篤定樸滿 A 為錢數領先的四個之一。

另解：

設四個錢數領先的樸滿與錢數最少的二個樸滿錢數和依序排列是 $x_1 \geq x_2 \geq x_3 \geq x_4 > x$。

$x_1 + x_2 + x_3 + x_4 + x = 250$。設 $x = t-1$，$x_1 = x_2 = x_3 = x_4 = t \Rightarrow 4t + (t-1) = 250 \Rightarrow 5t = 251 \Rightarrow 5t > 250$

$\Rightarrow t > 50 \Rightarrow t$ 最小是 51。依題意驗算，51 是篤定樸滿 A 為錢數領先的四個之一的錢數。

7. 設 a、b 是正整數，a 除以 b 的商以高斯記號寫成 $[\frac{a}{b}]$，餘數寫成 $a - b \times [\frac{a}{b}]$。

今有長方形紙張，長 60 公分；寬 7 公分，利用高斯記號，此長方形紙張最少能裁剪成若干個正方形紙張？

解：

第一次裁剪成邊長 7 公分的正方形有 $[\frac{60}{7}]$=8 個；

第二次裁剪成邊長 60-7$[\frac{60}{7}]$=4 公分的正方形有 $[\frac{7}{4}]$=1 個；

第三次裁剪成邊長 7-4$[\frac{7}{4}]$=3 公分的正方形有 $[\frac{4}{3}]$=1 個；

第四次裁剪成邊長 4-3$[\frac{4}{3}]$=1 公分的正方形有 $[\frac{3}{1}]$=3 個。

最少能裁剪成 8+1+1+3=13 個正方形紙張。

「高斯記號」評量一解答

壹、概念題

1. 求下列各高斯記號的值。

　　(1)[13]。　　　　(2)[-7]。　　　(3)$[\frac{2007}{96}]$。　　　(4)$[\sqrt{29}-2]$。　　(5)$[-\pi]$

解：

　　(1)[13]=13。　　(2)[-7]=-7。　　(3)$[\frac{2007}{96}]$=20。　　(4)$[\sqrt{29}-2]$=3。　　(5)$[-\pi]$=-4。

2. 依照下列提示，完成「已知票數是330，從5位候選人選出3位，求篤定當選的票數。」

　　提示：設3位當選者的票數是a、b、c；2位落選者的票數和是d。

　　a≥b≥c>d。a+b+c+d=330。

解：

　　設d=t-1，a=b=c=t⇒t+t+t+(t-1)=330⇒4t=331⇒4t>330⇒t>82.5

　　⇒t最小是83。

　　驗算：t=83⇒a=b=c=83，d=81。篤定當選的票數是83。

另解：

　　設d=t，a=b=c=t+1⇒(t+1)+(t+1)+(t+1)+t=330⇒4t=327⇒t=81.……

　　⇒t最大是81，此時，t+1最小是82。

　　驗算：依題意，篤定當選的票數是83。

貳、演練題

1. 四位正整數中，能被 5 或 7 整除，但不能被 35 整除的數有多少個？

解：

5 的倍數，扣除 35 的倍數有 $[\frac{9999}{5}]-[\frac{999}{5}]-[\frac{9999}{35}]+[\frac{999}{35}]=1999-199+285-28=2057$ 個。

7 的倍數，扣除 35 的倍數有 $[\frac{9999}{7}]-[\frac{999}{7}]-[\frac{9999}{35}]+[\frac{999}{35}]=1428-142+285-28=1543$ 個。

四位正整數中，能被 5 或 7 整除，但不能被 35 整除的數有 2057+1543=3600 個。

2. 從 100、101、102、……寫到 9999，總共寫了多少個 7？

解：

Case1. 個位數字為 7 的數有 107、117、127、……、9997。

個位數字的 7 寫了 $[\frac{9999-100}{10}]+1=990$ 個。

Case2. 十位數字為 7 的數有 17□、27□、37□、……、997□。

十位數字的 7 寫了 $([\frac{9999-100}{100}]+1)\times10=990$ 個。

Case3. 百位數字為 7 的數有 7□□、17□□、27□□、……、97□□。

百位數字的 7 寫了 $([\frac{9999-100}{1000}]+1)\times100=1000$ 個。

Case4. 千位數字為 7 的數有 7□□□。

千位數字的 7 寫了 $([\frac{9999-100}{10000}]+1)\times1000=1000$ 個。

總共寫了 990+990+1000+1000=3980 個 7。

3. 設 a、b、c、d、e、f 是正整數，a+b+c+d+e+f=120，若 a≥b≥c≥d≥e>f，求 f 的最大值與 f 最大時，e 的最小值。

解：

令 f=x，e=d=c=b=a=x+1⇒5(x+1)+x=120⇒6x=115⇒x=19.……。

驗算：取 x=19⇒f=19，e=d=c=b=20，a=21。

f 的最大值是 19；f 最大時，e 的最小值是 20。

4. 400 個橘子分給 6 人，每人分得的數目都不相等，請問分最少的兩個人的橘子總數最多
   是多少？

解：

設 a>b>c>d>e>f，令 f=x，e=x+1，d=x+2，c=x+3，b=x+4，a=x+5

$\Rightarrow$x+5+x+4+x+3+x+2+x+1+x=400$\Rightarrow$6x=385$\Rightarrow$x=64.……。

驗算：取 x=64$\Rightarrow$f=64，e=65，d=66，c=67，b=68，a=70。

　　　　分最少的兩個人的橘子總數最多是 64+65=129 個。

5. 已知 11 個相異正整數的和是 2007，將此 11 個數由小而大排列，求第 5 個數到第 7 個
   數總和的最大值是多少？

解：

設 x_1<x_2<x_3<……<x_{10}<x_{11}，x_1+x_2+x_3+……+x_{10}+x_{11}=2007。

令 x_1=1，x_2=2，x_3=3，x_4=4，x_5=x，x_6=x+1，x_7=x+2，x_8=x+3，x_9=x+4，x_{10}=x+5，x_{11}=x+6

$\Rightarrow$1+2+3+4+x+x+1+x+2+x+3+x+4+x+5+x+6=2007$\Rightarrow$7x=1976$\Rightarrow$x=282.……。

驗算：取 x=282$\Rightarrow$ x_1=1，x_2=2，x_3=3，x_4=4，x_5=282，x_6=283，x_7=284，x_8=285，x_9=286，

　　　　x_{10}=287，x_{11}=290 是 x_1+x_2+x_3+……+x_{10}+x_{11}=2007 的一組解。

此時，x_5+x_6+x_7=282+283+284=849 的和是最大值。

第 5 個數到第 7 個數總和的最大值是 849。

§主題五：加法與乘法原理－解答

1.甲、乙、丙三人之中恰有一個是老實國的人，另兩人則是說謊國的人。三人同時出城，哨兵問甲是那一國人？甲答：「我是老實國的人」。哨兵問乙是那一國人？乙輕聲回答，而哨兵未聽清楚，便指著乙，問丙：「他是那國人？你又是那國人？」。丙答：「他說他是老實國的人，我也是老實國的人。」從以上對話推斷，甲、乙、丙三人之中誰是老實國的人？請說明理由。

（老實國的人句句實話，說謊國的人句句謊話。）

解：

Case1. 甲是老實國的人⇒丙是說謊國的人⇒「乙說乙是老實國的人」不成立
　　　⇒乙說乙是說謊國的人，但乙是說謊國的人。與事實不符。

Case2. 乙是老實國的人⇒丙是說謊國的人⇒「乙說乙是老實國的人」不成立
　　　⇒乙說乙是說謊國的人。與事實不符。

Csse3. 丙是老實國的人。

2. 設 n 是正整數，證明 n^2-3 不是 4 的倍數。

解：

Case1. $n=4k \Rightarrow n^2-3=16k^2-3$ 不是 4 的倍數。

Case2. $n=4k+1 \Rightarrow n^2-3=16k^2+8k-2$ 不是 4 的倍數。

Case3. $n=4k+2 \Rightarrow n^2-3=16k^2+16k+1$ 不是 4 的倍數。

Case4. $n=4k+3 \Rightarrow n^2-3=16k^2+24k+6$ 不是 4 的倍數。

3. 從 1、3、5、7、9、……寫到 99 的正奇數。

    (1)含 7 的數有多少個？   (2)共寫了幾個 7？

解：

答

    (1)Case1. 一位數：   □

                              7   含 7 的數有 1 個。

      Case2. 二位數：   □ □

        恰有 2 個 7   7 7   含 7 的數有 1 個。

        恰有 1 個 7   7   含 7 的數有 8 個。

                        7   含 7 的數有 4 個。

      共有 1+1+8+4=14 個 7。

    (2)Case1. 一位數：   □

                              7   寫了 1 個 7。

      Case2. 二位數：   □ □

        恰有 2 個 7   7 7   寫了 2 個 7。

        恰有 1 個 7   7   寫了 8 個 7。

                        7   寫了 4 個 7。

      共寫了 1+2+8+4=15 個 7。

4. 用 0、1、2、3、4、5 做成四位數，數字可重複。

    (1)共有多少個？   (2)其和是多少？

解：

    (1)   □   □   □   □

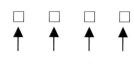

      填法 5   6   6   6   共有 5×6×6×6=1080 個。

    (2)Case1. 含千位數字是 0。

        □   □   □   □

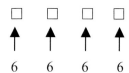

      填法 6   6   6   6   共有 6×6×6×6=1296 個。

各位數字 0、1、2、3、4、5 每個數字都出現 1296÷6=216 次。

個位數字的和是(0+1+2+3+4+5)×216=3240。

同理，十位數字、百位數字、千位數字的和都是 3240。

其和是 3240×1111=3599640。

Case2. 千位數字是 0。

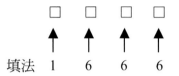

填法　　1　　6　　6　　6　　　　　共有 6×6×6=216 個。

各位數字 0、1、2、3、4、5 每個數字都出現 216÷6=36 次。

個位數字的和是(0+1+2+3+4+5)×36=540。

同理，十位數字、百位數字的和都是 540。

其和是 540×111=59940。

用 0、1、2、3、4、5 做成四位數，數字不重複。

其和是 3599640-59940=3539700。

5. (1)324 的正因數有多少個？　　　　(2)324 的正因數的和是多少？

　　(3)324 的正因數的積是多少？　　　(4)正因數中是完全平方數有幾個？

解：

(1)Step1. $324=2^2×3^4$。

　　Step2. $2^{\square}×3^{\square}$ 是 324 的正因數⇒324 的正因數有(2+1)(4+1)=15 個。

(2)324 的正因數的和是$(2^0+2^1+2^2)(3^0+3^1+3^2+3^3+3^4)$=7×121=847。

(3)Step1. 324=1×324

　　　　　　=2×162

　　　　　　=……　　　　共 8 組。

　　　　　　=18×18

　　Step2. 324 的正因數的積是 $324^8÷18=(2^2×3^4)^8÷18=2^{15}×3^{30}$。

(4)正因數中是完全平方數有 2×3＝6 個。

6. 如圖，線段所圍成的△有多少個？

解：

　Case1. 1 單位：頂點向上有 1+2+3+4=10 個；頂點向下有 1+2+3=6 個。

　Case2. 4 單位：頂點向上有 1+2+3=6 個；頂點向下有 1 個。

　Case3. 9 單位：頂點向上有 1+2=3 個；頂點向下有 0 個。

　Case4. 16 單位：有 1 個。

　共有 10+6+6+1+3+1=27 個△。

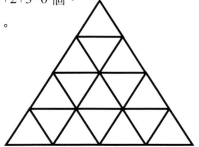

7. 如圖，正五邊形中，線段所圍成的△，全等者列為一類。

　(1)共有幾類？　　　　　　　　　(2)各類併計，共有多少個△？

解：

　(1)以△三內角度數區分，

　　36°、72°、72°的△有 3 類：　　　　　36°、36°、108°的△有 2 類：

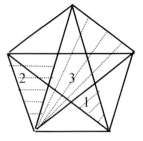

　共有 5 類。

　(2)

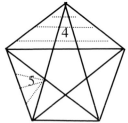

　36°、72°、72°的△：

　1 號△每頂點 1 個，有 5 個；2 號△每頂點 2 個，有 10 個；3 號△每頂點 1 個，有 5 個。

　36°、36°、108°的△：

　4 號△每對角線 2 個，有 10 個；5 號△每邊 1 個，有 5 個。

　共有 5+10+5+10+5=35 個△。

8. 如圖，由 A 到 B 的走法有幾種？但同一點不許經過兩次，且不得向左走。

解：

Step1. A→C：2 種走法。

Step2. C→D：4 種走法。

Step3. D→E：3 種走法。

Step4. E→F：2 種走法。

Step5. F→G：6 種走法。

Step6. G→B：2 種走法。

由 A 到 B 的走法有 2×4×3×2×6×2=576 種。

9. 如圖，A、B、C、D、E、F、G 是六個面積是 1 的正方形所組成長方形邊上的七個頂點，則以這七個點為頂點能組成面積為 1 的△有多少個？

解：

Case1. 以 A、B 為二頂點：△ABG、△ABF、△ABE、△ABD。

Case2. 以 A、C 為二頂點：△ACG。

Case3. 以 A、D 為二頂點：△ADE。

Case4. 以 A、E 為二頂點：△AEF。

Case5. 以 A、F 為二頂點：△AFG。

Case6. 以 B、C 為二頂點：△BCF。

Case7. 以 B、D 為二頂點：△BDE。

Case8. 以 B、E 為二頂點：△BEF。

Case9. 以 B、F 為二頂點：△BFG。

Case10. 以 C、D 為二頂點：△CDF。

Case11. 以 C、E 為二頂點：△CEG。

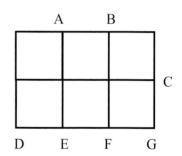

以這七個點為頂點能組成面積為 1 的△有 14 個。

「加法與乘法原理」評量一解答

 解
 答

壹、概念題

1.如圖，由 A 到 B 的只能向右、向上或向下，
  且不得走回頭路，請問共有幾種走法？

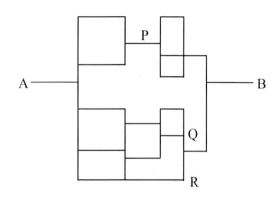

解：

Case1. 過P：有2×3=6種走法。

Case2. 過Q：有3×2×2=12種走法。

Case3. 過R：有3種走法。

共有6+12+3=21種走法。

2.甲、乙、丙三人玩擲骰子遊戲：甲的幸運數字是 1、6；乙的幸運數字是 2、5；丙的幸
  運數字是 3、4。今三人各擲一粒骰子，

  (1)三人投擲的點數不同且都投擲各人幸運數字的情形有幾種？

  (2)三人投擲的點數不同且都不投擲各人幸運數字的情形有幾種？

解：

(1)　　　甲　　　　乙　　　　丙

　　　　1、6　　　2、5　　　3、4

　　三人都投擲各人幸運數字的情形有 2×2×2=8 種。

(2)　　　甲　　　　乙　　　　丙

　　　2、5 ＼／ 1、6　　1、2、5、6

　　　3、4 ／＼ 3、4

Case1. 甲 2、5；乙 1、6：有 2×2×2=8 種情形。

Case2. 甲 2、5；乙 3、4：有 2×2×3=12 種情形。

Case3. 甲 3、4；乙 1、6：有 2×2×3=12 種情形。

Case3. 甲 3、4；乙 3、4：有 2×1×4=8 種情形。

三人投擲的點數不同且都不投擲各人幸運數字的情形有 8+12+12+8=40 種

貳、演練題

1.如圖，以一筆劃完成由 A 到 B 的圖形，畫法有幾種？

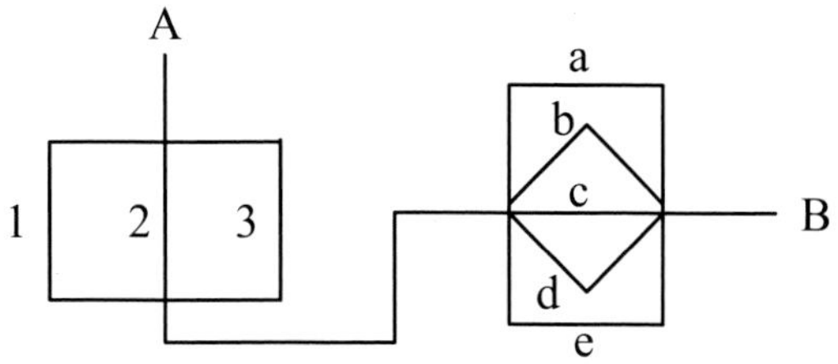

解：

Step1. 畫 1、2、3：有(1，2，3)等 3×2=6 種畫法。

Step2. 畫 a、b、c、d：有(a，b，c，d，e)等 5×4×3×2=120 種畫法。

以一筆劃完成由 A 到 B 的圖形，畫法有 6×120=720 種。

2. 從 1、2、3、……、9 中選出四個數字，若四個數字所能構成的所有四位數的和是 86658，求最大的四位數。

解：

四位數有 abcd 等 24 個。其中每位數字有 6 個 a、6 個 b、6 個 c、6 個 d。

每位數字的和是 6(a+b+c+d)⇒6(a+b+c+d)×1111=86658⇒a+b+c+d=13。

a=7、b=3、c=2、d=1 是最大值⇒最大的四位數是 7321。

3. 用 0、1、2、3、4、5 做成三位數，數字不重複。若此數是 4 的倍數，則此種數共有多少個？又若此數是 3 的倍數，則此種數共有多少個？

解：

4 的倍數的末尾兩位數是 04、12、20、24、32、40、52。

Case1. 04、20、40：有 3×4=12 個。

Case2. 12、24、32、52：有 4×3=12 個。

4 的倍數共有 12+12=24 個。

3 的倍數的各位數字和是 3 的倍數。將 0、1、2、3、4、5 分成 0、3、1、4 與 2、5。

Case1. 3p+3q+3r：有 0 個。

Case2. (3p+1)+(3q+1)+(3r+1)：有 0 個。

Case3. (3p+2)+(3q+2)+(3r+2)：有 0 個。

Case4. 3p+(3q+1)+(3r+2)：有 2×2×2×3×2-1×2×2×2×1=40 個。

（0、3、1、4 與 2、5 三類依序各取一填入□□□後排列，在減去 0□□的個數。）

3 的倍數共有 40 個。

4. 如圖，21 個正方形及陰影部分構成的圖形。

    (1)含陰影部分的正方形有多少個？

    (2)不含陰影部分的正方形有多少個？

    (3)含陰影部分的長方形有多少個？

    (4)不含陰影部分的長方形有多少個？

 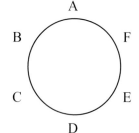

解：

    (1)含陰影部分的正方形有 3×3 二個；4×4 二個。共有 4 個。

    (2)不含陰影部分的正方形有 1×1 二十一個；2×2 七個。共有 11 個。

    (3)陰影部分上方有 2 直線；下方有 3 直線；左方有 2 直線；右方有 3 直線

       ⇒含陰影部分的長方形有 $2\times3\times2\times3=36$ 個。

    (4)陰影部分上方有 $6+5+4+3+2+1=21$ 個長方形；

       下方有 $(6+5+4+3+2+1)(2+1)=63$ 個長方形；

       左方有 $4+3+2+1=10$ 個長方形；右方有 $(4+3+2+1)(2+1)=30$ 個長方形；

       右上方有 $1+2=3$ 個長方形；左上方有 1 個長方形；

       右下方有 $(2+1)(2+1)=9$ 個長方形；左下方有 $1+2=3$ 個長方形。

       不含陰影部分的長方形有 21+63+10+30-3-1-9-3=107 個

5. 如圖，A、B、C、D、E、F 是圓的六等分點。

    任取三點構成△。

    (1)依△形狀分類，共有多少類？

    (2)各類各有多少個△？

解：

    (1)△各邊所對弧的個數是 x、y、z，$x\leq y\leq z$，$x+y+z=6$

       ⇒解是(1，1，4)、(1，2，3)、(2，2，2)⇒依△形狀分類，等腰△、直角△與正△三類。

    (2)等腰△有 6 個（沿著頂點依次轉動）；正△有 2 個（沿著頂點依次轉動）；

       直角△有 $6\times2=12$ 個（沿著頂點依次轉動，每個△可翻轉）。

6. 如圖，由六個面積是 1 的正方形所組成長方形，共有十二個點。則以這十二個點為頂點
能組成面積為 1 的 △ 有多少個？

解：

Case1. 兩股長2與1的直角△：14個。

Case2. 底長1與高長2的鈍角△：8個。

Case3. 底長2的等腰直角△：14個。

面積為1的△有14+8+14=36個。

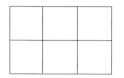

§主題六：排容原理－解答

1. 某班 50 名學生中，患近視者 32 名；患沙眼者 12 名；兩者皆有者 7 名。請問患近視而無沙眼者有多少人？不患近視而患沙眼者有多少人？患近視或沙眼者有多少人？兩者皆無者有多少人？

解：

患近視而無沙眼者有 32-7=25 人。

不患近視而患沙眼者有 12-7=5 人。

患近視或沙眼者有 32+12-7=37 人。

兩者皆無者有 50-37=13 人。

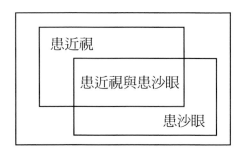

2. 某大樓共 50 個住戶，訂閱 A 報與 B 報的部份資訊（如下表）。試完成整個表格。

類別	訂閱A報	訂閱B報	訂閱A報且訂閱B報	訂閱A報或訂閱B報
人數	33	27	15	
類別	未訂閱A報	未訂閱B報	未訂閱A報或未訂閱B報	未訂閱A報且未訂閱B報
人數				

解：

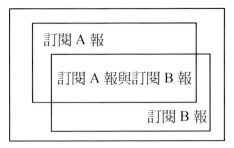

類別	訂閱A報	訂閱B報	訂閱A報且訂閱B報	訂閱A報或訂閱B報
人數	33	27	15	45
類別	未訂閱A報	未訂閱B報	未訂閱A報或未訂閱B報	未訂閱A報且未訂閱B報
人數	17	23	35	5

3. 112 名學生中，學業成績、體育成績與操行成績都及格的有 20 人；學業成績不及格的有 30 人；體育成績不及格的有 40 人；操行成績不及格的有 50 人；學業成績與體育成績至少一項不及格的有 65 人；學業成績與操行成績至少一項不及格的有 70 人；體育成績與操行成績至少一項不及格的有 75 人。

(1)學業成績與體育成績都不及格的有多少人？

(2)學業成績與操行成績都不及格的有多少人？

(3)體育成績與操行成績都不及格的有多少人？

(4)學業成績、體育成績與操行成績都不及格的有多少人？

(5)學業成績及格的有多少人？

(6)體育成績及格的有多少人？

(7)操行成績及格的有多少人？

(8)學業成績與體育成績都及格的有多少人？

(9)學業成績與操行成績都及格的有多少人？

(10)體育成績與操行成績都及格的有多少人？

(11)學業成績、體育成績與操行成績至少一項及格的有多少人？

解：

事件 x 的個數以 n(x)表示。

事件 p：學業成績及格。

事件 q：體育成績及格。

事件 r：操行成績及格。

n(p 且 q 且 r)=20；

n(非 p)=30；

n(非 q)=40。

n(非 r)=50；

n(非 p 或非 q)=65；

n(非 p 或非 r)=70；

n(非 q 或非 r)=75。

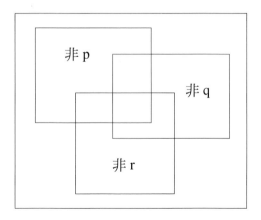

(1)n(非 p 或非 q)=n(非 p)+n(非 q)-n(非 p 且非 q)⇒n(非 p 且非 q)=30+40-65=5。

學業成績與體育成績都不及格的有 5 人。

(2)n(非 p 或非 r)=n(非 p)+n(非 r)-n(非 p 且非 r)⇒n(非 p 且非 r)=30+50-70=10。

學業成績與操行成績都不及格的有 10 人。

(3)n(非 q 或非 r)=n(非 q)+n(非 r)-n(非 q 且非 r)⇒n(非 q 且非 r)=40+50-75=15。

體育成績與操行成績都不及格的有 15 人。

(4)n(非 p 或非 q 或非 r)=n(非 p)+n(非 q)+n(非 r)

-n(非 p 且非 q)-n(非 q 且非 r)-n(非 p 且非 r)+n(非 p 且非 q 且非 r)。

112-20=30+40+50-5-10-15+n(非 p 且非 q 且非 r)⇒n(非 p 且非 q 且非 r)=2。

學業成績、體育成績與操行成績都不及格的有 10 人。

(5)n(p)=112-n(非 p)=112-30=82。學業成績及格的有 82 人。

(6)n(q)=112-n(非 q)=112-40=72。體育成績及格的有 72 人。

(7)n(r)=112-n(非 r)=112-50=62。操行成績及格的有 62 人。

(8)n(p 且 q)=112-n(非 p 或非 q)=112-65=47。

學業成績與體育成績都及格的有 47 人。

(9)n(p 且 r)=112-n(非 p 或非 r)=112-70=42。

學業成績與操行成績都及格的有 42 人。

(10)n(q 且 r)=112-n(非 q 或非 r)=112-75=37。

體育成績與操行成績都及格的有 37 人。

(11)n(p 或 q 或 r)

=n(p)+n(q)+n(r)-n(p 且 q)-n(p 且 r)-n(q 且 r)+n(p 且 q 且 r)

=82+72+62-47-42-37+20=110。

學業成績、體育成績與操行成績至少一項及格的有 110 人。

4. 小於或等於 120 且與 120 互質的正整數有多少個？

解：

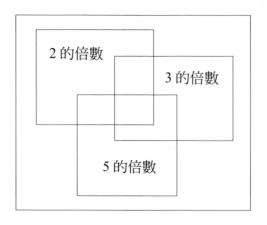

$120=2^3 \times 3 \times 5$，「與 120 互質」表示「不是 2 的倍數，不是 3 的倍數，也不是 5 的倍數。」不大於 120 的正整數中，是 2 的倍數有 60 個；是 3 的倍數有 40 個；是 5 的倍數有 24 個；是 6 的倍數有 20 個；是 10 的倍數有 12 個；是 15 的倍數有 8 個；是 30 的倍數有 4 個。不大於 120 且與 120 互質的正整數有 120-(60+40+24-20-12-8+4)=32 個。

另解：

$120=2^3 \times 3 \times 5$，小於或等於 120 的正整數中與 120 互質的有

$120(1-\dfrac{1}{2})(1-\dfrac{1}{3})(1-\dfrac{1}{5})=120(\dfrac{1}{2})(\dfrac{2}{3})(\dfrac{4}{5})=32$ 個。

5. 3 的倍數且與 360 的最大公因數是 3 的三位正整數共有多少個？

解：

設三位正整數是 3k，(3k，360)=3⇒(3k，$3 \times 2^3 \times 3 \times 5$)=3。100≤3k≤999⇒34≤k≤333。

「三位正整數與 360 的最大公因數是 3」表示「k 不是 2 的倍數，不是 3 的倍數，也不是 5 的倍數。」三位正整數與 360 的最大公因數是 3 中，k 有 333-34+1=300 個；k 是 2 的倍數有(332-34)÷2+1=150 個；k 是 3 的倍數有(333-36)÷3+1=100 個；k 是 5 的倍數有(330-35)÷5+1=60 個；k 是 6 的倍數有(330-36)÷6+1=50 個；k 是 10 的倍數有(330-40)÷10+1=30 個；k 是 15 的倍數有(330-45)÷15+1=20 個；k 是 30 的倍數有(330-60)÷30+1=10 個。3 的倍數且與 360 的最大公因數是 3 的三位正整數共有 300-(150+100+60-50-30-20+10)=80 個。

「排容原理」評量一解答

壹、概念題

1. (1)根據邏輯語法，一般而言，$p_1 \vee p_2$ 有 $p_1 \wedge p_2$、$\sim p_1 \wedge p_2$、$p_1 \wedge \sim p_2$ 三種可能，

   設 $n(x)$ 表示滿足敘述 x 的個數，$n(p_1 \wedge p_2)=a$；$n(\sim p_1 \wedge p_2)=b$；$n(p_1 \wedge \sim p_2)=c$。

   分別求 $n(p_1 \vee p_2)$ 與 $n(p_1)+n(p_2)-n(p_1 \wedge p_2)$ 的值。

   (2)設 $n(p_1 \wedge p_2 \wedge p_3)=a$；$n(\sim p_1 \wedge p_2 \wedge p_3)=b$；$n(p_1 \wedge \sim p_2 \wedge p_3)=c$；$n(p_1 \wedge p_2 \wedge \sim p_3)=d$；

   $n(\sim p_1 \wedge \sim p_2 \wedge p_3)=e$；$n(\sim p_1 \wedge p_2 \wedge \sim p_3)=f$；$n(p_1 \wedge \sim p_2 \wedge \sim p_3)=g$。

   分別求 $n(p_1 \vee p_2 \vee p_3)$ 與 $n(p_1)+n(p_2)+n(p_3)-n(p_1 \wedge p_2)-n(p_2 \wedge p_3)-n(p_1 \wedge p_3)+n(p_1 \wedge p_2 \wedge p_3)$

   的值。

解：

   (1)$n(p_1 \vee p_2)=a+b+c$。

   $n(p_1)=a+c$；$n(p_2)=a+b$；$n(p_1 \wedge p_2)=a \Rightarrow n(p_1)+n(p_2)-n(p_1 \wedge p_2)=a+b+c$。

   (2)$n(p_1 \vee p_2 \vee p_3)=a+b+c+d+e+f+g$。

   $n(p_1)=a+c+d+g$；$n(p_2)=a+b+d+f$；$n(p_3)=a+b+c+e$；

   $n(p_1 \wedge p_2)=a+d$；$n(p_2 \wedge p_3)=a+b$；$n(p_1 \wedge p_3)=a+c$；$n(p_1 \wedge p_2 \wedge p_3)=a$

   $\Rightarrow n(p_1)+n(p_2)+n(p_3)-n(p_1 \wedge p_2)-n(p_2 \wedge p_3)-n(p_1 \wedge p_3)+n(p_1 \wedge p_2 \wedge p_3)=a+b+c+d+e+f+g$。

2. (1)設 $p=p_1 \vee \sim p_1$，$n(p)=a$；$n(p_1 \vee p_2)=b$；$n(p_1 \wedge p_2)=c$；$n(\sim p_1 \vee \sim p_2)=d$；$n(\sim p_1 \wedge \sim p_2)=e$。

   寫出 a、b、c、d、e 的兩個關係式。

   (2)設 $p=p_1 \vee \sim p_1$，$n(p)=a$；$n(p_1 \vee p_2 \vee p_3)=b$；$n(p_1 \wedge p_2 \wedge p_3)=c$；

   $n(\sim p_1 \vee \sim p_2 \vee \sim p_3)=d$；$n(\sim p_1 \wedge \sim p_2 \wedge \sim p_3)=e$。寫出 a、b、c、d、e 的兩個關係式。

解：

   (1)$a=b+e$；$a=c+d$。

   (2)$a=b+e$；$a=c+d$。

貳、演練題

1. 二位正整數中，不是 70 的因數，也不是 84 的因數有多少個？

解：

二位正整數有 99-10+1=90 個。

70=2×5×7⇒二位正整數中，70 的因數有 2×2×2-4=4 個。

84=2^2×3×7⇒二位正整數中，84 的因數有 3×2×2-6=6 個。

(70，84)=14=2×7⇒二位正整數中，是 70 的因數，也是 84 的因數有 2×2-3=1 個。

二位正整數中，不是 70 的因數，也不是 84 的因數有 90-4-6+1=81 個。

2. 小於 1000 的正整數中，

(1)是 2、3、4、5、6 每一數的倍數有多少個？

(2)不是 2、3、4、5、6 每一數的倍數有多少個？

(3)是 2、3、4、5、6 其中任一數的倍數有多少個？

(4)不是 2、3、4、5、6 其中任一數的倍數有多少個？

解：

(1)是 2、3、4、5、6 每一數的倍數⇒是 2、3、5 每一數的倍數

　　⇒是[2，3，5]=30 的倍數。是 2、3、4、5、6 每一數的倍數有 33 個。

(2)不是 2、3、4、5、6 每一數的倍數有 999-33=966 個。

(3)是 2、3、4、5、6 其中任一數的倍數⇒是 2、3、5 其中任一數的倍數

　　⇒是 2 的倍數或 3 的倍數或 5 的倍數。

　　是 2、3、4、5、6 其中任一數的倍數有 499+333+199-166-99-66+33=733 個。

(4)不是 2、3、4、5、6 其中任一數的倍數有 999-733=266 個。

3. 120 名學生參加跑步、伏地挺身與仰臥起坐三項體能測驗，至少通過其中兩項體能測驗的

　有 96 名；只通過其中一項體能測驗的有 9 名，請問三項體能測驗都未通過的有多少名？

解：

至少通過其中兩項：恰通過兩項或恰通過三項。

至少通過其中一項測驗=恰通過一項+恰通過兩項+恰通過三項=9+96=105 名。

三項體能測驗都未通過的有 120-105=15 名。

4. 1、2、3 三個數字排成三位數，

　　(1)1 是百位數字或 2 是十位數字或 3 是個位數字的數有多少個？

　　(2)1 不是百位數字，2 不是十位數字且 3 不是個位數字的數有多少個？

解：

　　(1)1 是百位數字或 2 是十位數字或 3 是個位數字

　　　=1 是百位數字+2 是十位數字+3 是個位數字-(1 是百位數字，2 是十位數字)

　　　-(1 是百位數字，3 是個位數字)-(2 是十位數字，3 是個位數字)

　　　+(1 是百位數字，2 是十位數字，3 是個位數字)

　　　=2+2+2-1-1-1+1=4。

　　(2)1 不是百位數字，2 不是十位數字且 3 不是個位數字的數有 6-4=2 個。

另解：

　　(1)1 是百位數字或 2 是十位數字或 3 是個位數字的數有 123、132、321 與 213。

　　　共 4 個。

　　(2)1 不是百位數字，2 不是十位數字且 3 不是個位數字的數有 231 與 312。

　　　共 2 個。

5. 設 m、n、p 是正整數，比 180 小且與 $2^m \times 3^n \times 5^p$ 互質的正整數有多少個？

解：

　　比180小且與$2^m \times 3^n \times 5^p$互質⇒比180小且不是2的倍數，不是3的倍數，不是5的倍數。

　　$180=2^2 \times 3^2 \times 5$⇒「比180小且與180互質。」與「比180小且不是2的倍數，不是3的倍數，不是5的倍數。」同義。

　　比180小且與$2^m \times 3^n \times 5^p$互質有$180(1-\frac{1}{2})(1-\frac{1}{3})(1-\frac{1}{5})$=48個。

6.如圖，含 1 號矩形，但不含 2 號矩形的矩形有多少個？

		2	
1			

解：

含1號矩形的矩形有4×3=12個；含1號矩形且含2號矩形的矩形有2×2=4個。

含1號矩形，但不含2號矩形的矩形有12-4=8個。

7. 如圖，由 A 到 B 的走法只能循路徑向右、向上或向下，路徑不得重複，求下列兩種情形各有幾種走法？

(1)不過 P 且不過 Q。

(2)不過 P 或不過 Q。

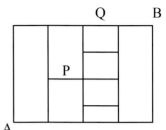

解：

(1)拆除過 P 與過 Q 的路徑。

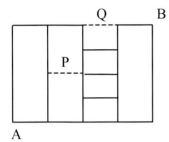

不過 P 且不過 Q 有 2×2×4×2=32 種走法。

(2)由 A 到 B 有 2×3×5×2=60 種走法。

過 P 與 Q 有 2×1×1×2=4 種走法。

不過 P 或不過 Q 有 60-4=56 種走法。

8. 根據對社區住戶訂閱甲、乙、丙三種報紙的調查，160 家住戶，訂閱甲報有 41 家；訂閱乙報有 52 家；訂閱丙報有 63 家；甲報、乙報都不訂閱有 73 家；乙報、丙報都不訂閱有 53 家；甲報、丙報都不訂閱有 63 家；至少有一種不訂閱有 158 家。

(1)三種報紙都不訂閱有多少家？　　(2)至少有兩種不訂閱有多少家？

(3)只有甲報不訂閱有多少家？　　(4)只有乙報不訂閱有多少家？

(5)只有丙報不訂閱有多少家？

解：

p：訂閱甲報。q：訂閱乙報。r：訂閱丙報。

$n(p)=41$；$n(q)=52$；$n(r)=63$；

n(非 p 且非 q)=73；n(非 q 且非 r)=53；n(非 p 且非 r)=63；

n(非 p 或非 q 或非 r)=158。

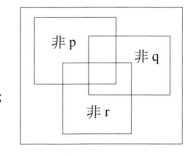

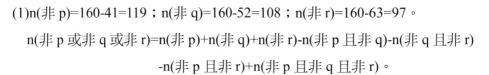
解
答

(1)n(非 p)=160-41=119；n(非 q)=160-52=108；n(非 r)=160-63=97。

　　n(非 p 或非 q 或非 r)=n(非 p)+n(非 q)+n(非 r)-n(非 p 且非 q)-n(非 q 且非 r)

　　　　　　　　　　　　-n(非 p 且非 r)+n(非 p 且非 q 且非 r)。

　　158=119+108+97-73-53-63+n(非 p 且非 q 且非 r)⇒n(非 p 且非 q 且非 r)=23。

　　三種報紙都不訂閱有 23 家。

(2)n(非 p 且非 q)或 n(非 q 且非 r)或 n(非 p 且非 r)

　　=n(非 p 且非 q)+n(非 q 且非 r)+n(非 p 且非 r)-3n(非 p 且非 q 且非 r)+n(非 p 且非 q 且非 r)

　　=73+53+63-3×23+23=143。

　　至少有兩種不訂閱有 143 家。

(3)n(非 p 且 q 且 r)=n(非 p)-n(非 p 且非 q)-n(非 p 且非 r)+n(非 p 且非 q 且非 r)

　　　　　　　　　=119-73-63+23=6。

　　只有甲報不訂閱有 6 家。

(4)n(非 q 且 p 且 r)=n(非 q)-n(非 p 且非 q)-n(非 q 且非 r)+n(非 p 且非 q 且非 r)

　　　　　　　　　=108-73-53+23=5。

　　只有乙報不訂閱有 5 家。

(5)n(非 r 且 p 且 q)=n(非 r)-n(非 r 且非 p)-n(非 r 且非 q)+n(非 p 且非 q 且非 r)

　　　　　　　　　=97-63-53+23=4。

　　只有丙報不訂閱有 4 家。

§主題七：商高定理－解答

1.如圖，$\triangle ABC$，$\angle BAC=90°$，$\overline{AD} \perp \overline{BC}$。證明

　(1)$\overline{AB}^2 = \overline{BD} \cdot \overline{BC}$。

　(2)$\overline{AC}^2 = \overline{CD} \cdot \overline{BC}$。

　(3)$\overline{AB}^2 + \overline{AC}^2 = \overline{BC}^2$。

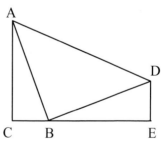

解：

　(1)$\triangle ABC \sim \triangle DBA \Rightarrow \overline{AB}:\overline{BD}=\overline{BC}:\overline{AB} \Rightarrow \overline{AB}^2 = \overline{BD} \cdot \overline{BC}$。

　(2)$\triangle ABC \sim \triangle DAC \Rightarrow \overline{AC}:\overline{CD}=\overline{BC}:\overline{AC} \Rightarrow \overline{AC}^2 = \overline{CD} \cdot \overline{BC}$。

　(3)$\overline{AB}^2 + \overline{AC}^2 = \overline{BD} \cdot \overline{BC} + \overline{CD} \cdot \overline{BC} = \overline{BC}\ (\overline{BD} + \overline{CD}) = \overline{BC}^2$。

2.如圖，$\triangle ABD$ 是等腰直角$\triangle$，B 在 $\overline{CE}$ 上，

　$\overline{AC} \perp \overline{CE}$ ，$\overline{DE} \perp \overline{CE}$，證明 $\overline{AC}^2 + \overline{BC}^2 = \overline{AB}^2$。

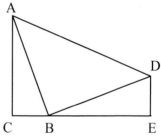

解：

　$\triangle ABD$ 是等腰直角$\triangle \Rightarrow \overline{AB}=\overline{BD}$ ，$\angle ABD=90°$。$\angle ACB=\angle DEB=90°$。

　$\angle ABC+\angle DBE=\angle ABC+\angle BAC=90° \Rightarrow \angle DBE=\angle BAC$。$\triangle ABC \cong \triangle BDE$。

　設 $\overline{AC}=x$，$\overline{BC}=y$，$\overline{AB}=z \Rightarrow \overline{BE}=x$，$\overline{DE}=y$，$\overline{BD}=z$。

　$ACED=\triangle ABC+\triangle BDE+\triangle ABD \Rightarrow \dfrac{(x+y)(x+y)}{2} = \dfrac{xy}{2} + \dfrac{xy}{2} + \dfrac{z^2}{2} \Rightarrow (x+y)^2=2xy+z^2$

　$\Rightarrow x^2+y^2=z^2 \Rightarrow \overline{AC}^2 + \overline{BC}^2 = \overline{AB}^2$。

3. 如圖，△ABC，∠ACB=90°，

以△ABC 三邊作正方形 ACGD，

BCHE 與 ABKF。連接 $\overline{CE}$ 與 $\overline{CD}$。

(1)證明△FAC≅△BAD。

(2)證明△FBC=△BED。

(3)證明 ABED=ACBF。

(4)設 $\overline{AB}$=c，$\overline{BC}$=a，$\overline{AC}$=b，

證明 $a^2+b^2=c^2$。

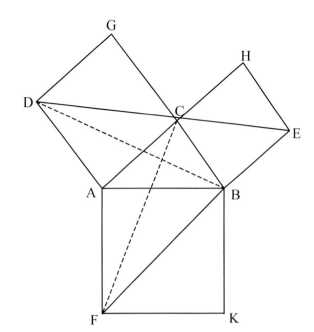

解：

(1) $\overline{AD}=\overline{AC}$，$\overline{AB}=\overline{AF}$，∠DAC=∠BAF=90°⇒∠FAC=∠BAD。△FAC≅△BAD。

(2) ∠CPB=∠PCA+∠CTP=∠TDA+∠ATD=90°。作 $\overline{EQ}\perp$ 直線 DB。

　　△BCP≅△EBQ⇒$\overline{EQ}=\overline{BP}$⇒△FBC=△BED。

(3)△FAC+△FBC=△BAD+△BED⇒ABED=ACBF。

(4)∠ACD=∠BCE=45°，∠ACB=90°⇒∠ACD+∠ACB+∠BCE=180°⇒D、C、E 共線。

　　ABED=ACBF⇒△ACD+△BCE=△ABF⇒$\frac{1}{2}a^2+\frac{1}{2}b^2=\frac{1}{2}c^2$⇒$a^2+b^2=c^2$。

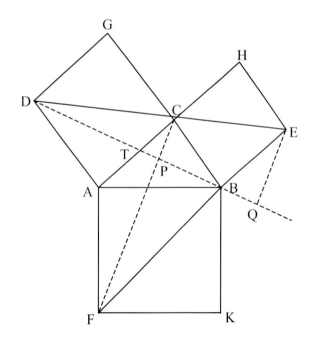

4. 如圖，長 25 公尺的梯子斜靠在垂直於地面的牆上，梯底距離牆腳 20 公尺。若梯頂下滑 8 公尺，則梯底移動多少公尺？

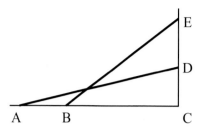

解：

$\overline{BE} = \overline{AD} = 25$，$\overline{BC} = 20 \Rightarrow \overline{CE} = \sqrt{25^2 - 20^2} = 15$。$\overline{DE} = 8 \Rightarrow \overline{CD} = 7$。

$\overline{AC} = \sqrt{25^2 - 7^2} = 24$。$\overline{AB} = 24 - 20 = 4$。梯底移動 4 公尺。

5. 圓形環狀跑道之外圈圓的弦與內圈圓相切，經測量此弦的長度是 100 公尺，求環狀跑道的面積。

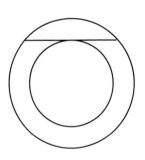

解：

設大圓半徑是 R，小圓半徑是 r。$R^2 - r^2 = 50^2 \Rightarrow \pi R^2 - \pi r^2 = 2500\pi$。環狀跑道的面積是 2500π 平方公尺。

6. 如圖，長方體中，$\overline{OA}=2$，$\overline{OB}=8$，$\overline{OC}=3$。

   (1)一隻螞蟻由 B 沿著長方體表面到達 R，

     求所走的最短距離。

   (2)一隻蜜蜂由 B 飛到 R，

     求所飛的最短距離。

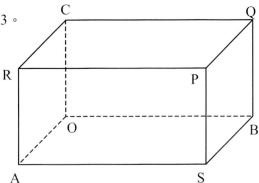

解：

  (1)Case1.

$$\overline{BR}=\sqrt{3^2+(8+2)^2}=\sqrt{109}\,\text{。}$$

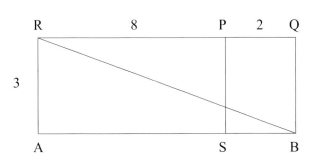

    Case2.

$$\overline{BR}=\sqrt{2^2+(8+3)^2}=\sqrt{125}\,\text{。}$$

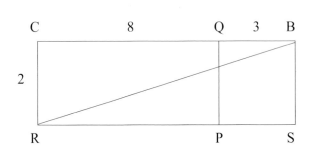

    Case3.

$$\overline{BR}=\sqrt{8^2+(2+3)^2}=\sqrt{89}\,\text{。}$$

    最短距離是 $\sqrt{89}$。

(2)最短距離是 $\sqrt{8^2+2^2+3^2}=\sqrt{77}$。

7. 如圖，由一個正方形與四個全等的四邊形組成的正方形
   瓷磚。若正方形的瓷磚邊長 31 公分，小正方形邊長 5
   公分，則四邊形的四邊長除 7 公分與 24 公分外，($\overline{AP}$=7
   公分，$\overline{BP}$=24 公分）另二邊長是多少？

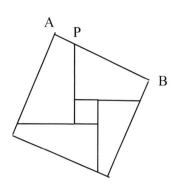

解：

$\overline{PC} = \sqrt{7^2 + 24^2} = 25$。$\overline{PQ} = x$，

$\overline{CQ} = \overline{PR} = x+5 \Rightarrow x^2 + (x+5)^2 = 25^2 \Rightarrow 2x^2 + 10x - 600 = 0$

$\Rightarrow x^2 + 5x - 300 = 0 \Rightarrow (x+20)(x-15) = 0 \Rightarrow x = 15$

$\Rightarrow$ 四邊形另二邊長是 15 與 20 公分。

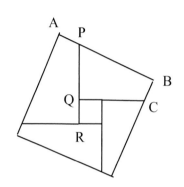

8. 如圖，置球架的薄木板有圓形洞口，若
   將球放在洞口上，球的最高點與洞口中
   心距離 $\overline{OT}$ 是最低點與洞口中心距離
   $\overline{OB}$ 的 5 倍。請問球半徑是圓形洞口半
   徑的多少倍？

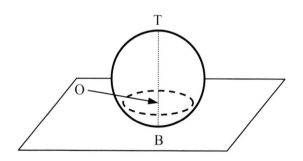

解：

   設球半徑是 R，洞口半徑是 r。

   $\overline{TO} = \dfrac{5}{3}R \Rightarrow \overline{AO} = \dfrac{2}{3}R$。

   $r = \sqrt{R^2 - (\dfrac{2}{3}R)^2} = \dfrac{\sqrt{5}}{3}R$。

   $R : r = 3 : \sqrt{5}$。

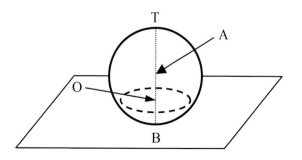

9. 如圖，長方形土地 $\overline{AB}=80$ 公尺，$\overline{AD}=60$ 公尺，在 $\overline{CD}$ 上找一點 P，作二條直線步道 $\overline{AP}$ 與 $\overline{BP}$，求 $\overline{AP}+\overline{BP}$ 的最小值。

解：

在直線 AD 上取一點 E，使 $\overline{AD}=\overline{DE}$，

連 B、E。$\overline{BE}=\sqrt{80^2+120^2}=40\sqrt{13}$ 是最小值。

$\overline{AP}+\overline{BP}$ 的最小值是 $40\sqrt{13}$ 公尺。

另解：

取 $\overline{CD}$ 中點 M，在直線 BM 上取一點 E，使 $\overline{EM}=\overline{BM}$。

△ABM 是等腰△。△APM≅△EPM。

$\overline{AP}+\overline{BP}=\overline{EP}+\overline{BP}>\overline{BE}=\overline{AM}+\overline{BM}=2\overline{AM}$。

$2\overline{AM}=2\sqrt{40^2+60^2}=40\sqrt{13}$ 是最小值。

$\overline{AP}+\overline{BP}$ 的最小值是 $40\sqrt{13}$ 公尺。

10. 如圖，長 10 公分，寬 8 公分的長方形紙張 ABCD，沿著 $\overline{DE}$ 對摺，使得 C 落在 $\overline{AB}$ 上，求 $\overline{BE}$。

解：

設 $\overline{BE}=x$，△DCE≅△DFE

$\Rightarrow \overline{EF}=\overline{CE}=8-x$，$\overline{BF}=\sqrt{(8-x)^2-x^2}=4\sqrt{4-x}$。

$\overline{DF}=\overline{CD}=10$。

△DFA～△FEB $\Rightarrow \overline{DF}:\overline{EF}=\overline{DA}:\overline{BF}\Rightarrow 10:(8-x)=8:4\sqrt{4-x}\Rightarrow 2(8-x)=10\sqrt{4-x}$

$\Rightarrow (8-x)^2=25(4-x)\Rightarrow x^2-16x+64=100-25x\Rightarrow x^2+9x-36=0\Rightarrow (x+12)(x-3)=0\Rightarrow x=3$

$\Rightarrow \overline{BE}=3$ 公分。

「商高定理」評量一解答

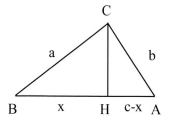

壹、概念題

1. 如圖，$\triangle ABC$ 中，$\overline{CH} \perp \overline{AB}$，$\overline{BC}=a$；$\overline{AC}=b$；$\overline{AB}=c$。

   設 $a^2+b^2=c^2$，證明 $\angle ACB=90°$。

解：

$a^2-x^2=b^2-(c-x)^2 \Rightarrow a^2-x^2=b^2-c^2+2cx-x^2 \Rightarrow a^2=b^2-c^2+2cx \Rightarrow a^2-b^2=-c^2+2cx$。

$a^2-b^2=-c^2+2cx$，$a^2+b^2=c^2 \Rightarrow 2a^2=2cx \Rightarrow a^2=cx \Rightarrow a:c=x:a$。

$a:c=x:a$，$\angle B=\angle B \Rightarrow \triangle CBH \sim \triangle ABC \Rightarrow \angle ACB=\angle CHB=90°$。

貳、演練題

1. 如圖，$\triangle ABC$ 與 $\triangle CDE$ 分別是邊長 4 與 6 正 $\triangle$，

   求路線 $B \to A \to E \to D \to B$ 的長。

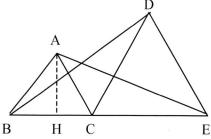

解：

作 $\overline{AH} \perp \overline{BC}$，$\overline{AE}=\sqrt{(6+2)^2+(2\sqrt{3})^2}=2\sqrt{19}$。

$\triangle BCD \cong \triangle ACE \Rightarrow \overline{AE}=\overline{BD}$。

路線 $B \to A \to E \to D \to B$ 的長是 $\overline{BA}+\overline{AE}+\overline{ED}+\overline{DB}=10+4\sqrt{19}$。

2. 如圖，半徑 1 與 3 的兩圓 O_1 與 O_2 外切，兩圓的內公切線

   與外公切線相交於 P，求下列各式的值。

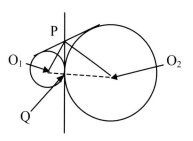

   (1) $\overline{PO_2}^2+\overline{PO_1}^2$。　(2) $\overline{PO_2}^2-\overline{PO_1}^2$。　(3) $\overline{PO_2}+\overline{PO_1}$。

解：

(1) 兩圓 O_1 與 O_2 外切，切點 Q 在 $\overline{Q_1Q_2}$ 上，$\angle O_1PO_2=90° \Rightarrow \overline{PO_2}^2+\overline{PO_1}^2=\overline{O_1O_2}^2=4^2=16$。

(2) $\overline{PO_2}^2-\overline{PO_1}^2=\overline{QO_2}^2-\overline{QO_1}^2=3^2-1^2=8$。

(3) $\overline{PO_2}^2+\overline{PO_1}^2=16$；$\overline{PO_2}^2-\overline{PO_1}^2=8 \Rightarrow 2\overline{PO_2}^2=24$；$2\overline{PO_1}^2=8 \Rightarrow \overline{PO_2}^2=12$；$\overline{PO_1}^2=$

　　$4 \Rightarrow \overline{PO_2}=2\sqrt{3}$；$\overline{PO_1}=2 \Rightarrow \overline{PO_2}+\overline{PO_1}=2\sqrt{3}+2$。

3. △ABC 中，$\overline{AB}=6$，△ABC 的面積是 12，求△ABC 周長的最小值。

解：

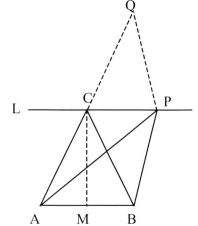

△ABC 的高是 4，作 L//$\overline{AB}$，L 與 $\overline{AB}$ 的距離是 4。

設 C 是 AB 的中垂線 MC 與 L 的交點，P 是 L 上異於

C 的點，在直線 AC 上取一點 Q，使 $\overline{CQ}=\overline{CB}$。

△BCP≅△QCP

$\Rightarrow \overline{PA}+\overline{PB}=\overline{PA}+\overline{PQ}>\overline{AC}+\overline{CQ}=\overline{AC}+\overline{BC}$。

$\Rightarrow \overline{AC}=\overline{BC}$ 時，△ABC 的周長最小。

$\overline{AM}=3$，$\overline{CM}=4\Rightarrow \overline{AC}=5$

$\Rightarrow$△ABC 周長的最小值=5+5+6=16。

4. 如圖，正方形紙張 ABCD 的邊長是 18 公分，以 $\overline{EF}$ 為摺痕，恰可將 A 點摺到 $\overline{BC}$ 邊上的 G 點且 $\overline{BG}:\overline{GC}=1:2$，求四邊形 AEFD 的面積。

解：

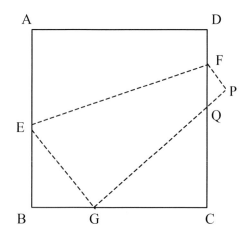

$\overline{BG}=6$，$\overline{CG}=12$，$\overline{BE}=x\Rightarrow \overline{EG}=\overline{AE}=18-x$。

$\overline{BG}^2+\overline{BE}^2=\overline{EG}^2\Rightarrow 6^2+x^2=(18-x)^2\Rightarrow x=8$。

△EBG∼△GCQ

$\Rightarrow \overline{BE}:\overline{BG}=\overline{CG}:\overline{CQ}\Rightarrow 8:6=12:\overline{CQ}$。

$\Rightarrow \overline{CQ}=9$，$\overline{GQ}=15$。$\overline{PQ}=3$。

△GCQ∼△FPQ

$\Rightarrow \overline{GQ}:\overline{QF}=\overline{QC}:\overline{QP}\Rightarrow 15:\overline{QF}=9:3\Rightarrow \overline{QF}=5$。

$\overline{AE}=10$，$\overline{DF}=4$

$\Rightarrow AEFD=(10+4)\times18\div2=126$。

5. 如圖，$\overline{PA} \perp L$，$\overline{PA} = 3$；$\overline{QB} \perp L$，$\overline{QB} = 5$。$\overline{AB} = 12$

　(1)設 L 上有一點 C，使 $\overline{CP} + \overline{CQ}$ 的值最小，求 $\overline{AC}$。

　(2)設 L 上有一點 D，使 $\overline{DP}^2 + \overline{DQ}^2$ 的值最小，求 $\overline{AD}$。

解：

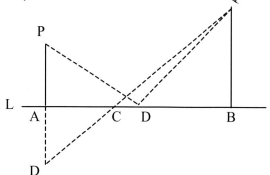

　(1)直線 PA 上取一點 D，使 $\overline{PA} = \overline{AD}$，

　　$\overline{DQ}$ 與 L 的交點即為 C。

　　$ACD \sim \triangle BCQ$

　　$\Rightarrow \overline{AC} : \overline{BC} = \overline{AD} : \overline{BQ} = 3 : 5$。

　　$\overline{AB} = 12 \Rightarrow \overline{AC} = \dfrac{9}{2}$。

　(2)設 $\overline{AD} = x \Rightarrow \overline{BD} = 12 - x$。

　　$\overline{PD}^2 + \overline{QD}^2 = x^2 + 3^2 + (12-x)^2 + 5^2 = 2x^2 - 24x + 178 = 2(x^2 - 12x) + 178 = 2(x-6)^2 + 142$

　　$\Rightarrow x = 6 \Rightarrow \overline{AD} = 6$。

6. 如圖，長、寬分別是 10 與 8 的矩形 ABCD 內兩點 P 與 Q，P 到兩邊的距離是 1 與 5；Q 到兩邊的距離是 6 與 2。在 $\overline{AB}$ 上取一點 M；$\overline{BC}$ 上取一點 N，求 $\overline{PM} + \overline{MN} + \overline{NQ}$ 的最小值。

解：

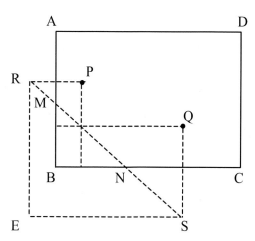

　過P作$\overline{AB}$的對稱點R，過Q作$\overline{BC}$的對稱點S。

　$\overline{RS}$ 與 $\overline{AB}$ 的交點M，與 $\overline{BC}$ 的交點N，使得

　$\overline{PM} + \overline{MN} + \overline{NQ}$ 的值最小。最小值為 $\overline{RS}$。

　過P作$\overline{AB}$的平行線；過S作$\overline{BC}$平行線，

　兩者相交於E。$\overline{RE} = 7$，$\overline{SE} = 7$。

　$\overline{RS} = \sqrt{7^2 + 7^2} = 7\sqrt{2}$。

　$\overline{PM} + \overline{MN} + \overline{NQ}$ 的最小值是 $7\sqrt{2}$。

§主題八：特殊直角三角形－解答

1.(1)邊長 4 的正六邊形的面積為何？

(2)邊長 4 的正八邊形的面積為何？

解：

(1)邊長 $a=4$，正六邊形的面積$=6(\frac{\sqrt{3}}{4}\times 4^2)=24\sqrt{3}$。

(2)

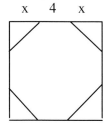

$x:4=1:\sqrt{2}\Rightarrow x=2\sqrt{2}$。

正八邊形的面積$=(4+2x)^2-4(\frac{1}{2}x^2)=2x^2+16x+16=32+32\sqrt{2}$。

2.(1)半徑 6 的圓，其內接正△的周長與面積為何？

(2)半徑 6 的圓，其外切正△的周長與面積為何？

解：

(1)正△的邊長 a，$\frac{\sqrt{3}}{2}a\times\frac{2}{3}=6\Rightarrow a=6\sqrt{3}$。

正△的周長$=18\sqrt{3}$，面積$=\frac{\sqrt{3}}{4}a^2=27\sqrt{3}$。

(2)正△的邊長 a，$\frac{\sqrt{3}}{2}a\times\frac{1}{3}=6\Rightarrow a=12\sqrt{3}$。

正△的周長$=36\sqrt{3}$，面積$=\frac{\sqrt{3}}{4}a^2=108\sqrt{3}$。

3.如圖，一塊邊長 12 公分的正六邊形的瓷磚，去除六
個著色的等腰三角形，剩下的部分是正十二邊形，
則正十二邊形的邊長為何？

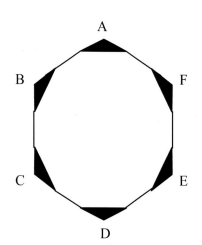

解
答

解：

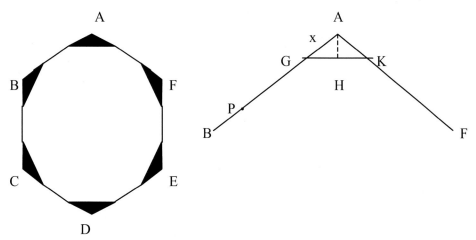

$\angle BAF = 120°$，$\overline{AH} \perp \overline{GK}$，$\angle AGK = 30°$。$\overline{AG} = x \Rightarrow \overline{PG} = \overline{GK} = 2\overline{GH} = \sqrt{3}x$。

$2x + \sqrt{3}x = 12 \Rightarrow x = 24 - 12\sqrt{3} \Rightarrow \overline{PG} = \sqrt{3}x = 24\sqrt{3} - 36$。

正十二邊形的邊長是 $24\sqrt{3} - 36$ 公分。

4. 如圖，一長方形的紙張，截去四個全等直角三角形，形成正六邊形。請問長方形紙張長與寬的比為何？

解：

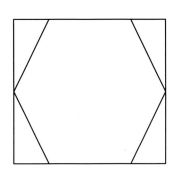

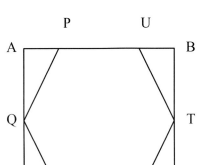

$\angle QPU=120° \Rightarrow \angle APQ=60°$。 $\angle A=90° \Rightarrow \angle AQP=30°$。

$\overline{AP}=x \Rightarrow \overline{PU}=\overline{PQ}=2x$ ， $\overline{AQ}=\overline{QD}=\sqrt{3}x$ 。 $\overline{AB}=x+2x+x=4x$ ， $\overline{AD}=2\sqrt{3}x$ 。

$\overline{AB}:\overline{AD}=4:2\sqrt{3}=2:\sqrt{3}$ 。 長與寬的比是 $2:\sqrt{3}$ 。

5. 如圖，站在湖中小島的山峰上，看對岸高峰的仰角是 30°；看湖面，這高峰鏡影的俯角是 45°，設所站山峰高度為 250 公尺。求對岸高峰的高度。

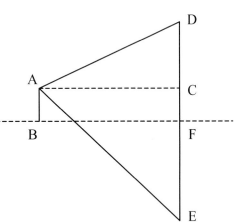

解：

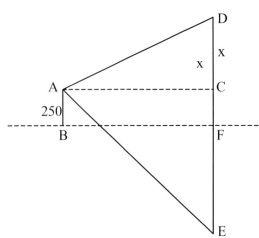

$\overline{CD} = x \Rightarrow \overline{CE} = \overline{AC} = \sqrt{3}x$ 。 $\overline{DF} = \overline{EF} \Rightarrow x + 250 = \sqrt{3}x - 250 \Rightarrow (\sqrt{3}-1)x = 500$

$\Rightarrow x = 250\sqrt{3} + 250 \Rightarrow \overline{DF} = x + 250 = 500 + 250\sqrt{3}$ 。

對岸高峰的高度是 $500 + 250\sqrt{3}$ 公尺。

6. 如圖，在塔($\overline{CD}$)正西一點 A 與正南一點 B，測得塔頂 D 的仰角分別是 30°與 15°，$\overline{CD}$=100。求 $\overline{AB}$。

解：

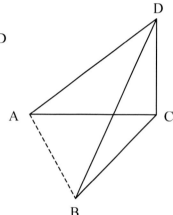

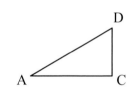

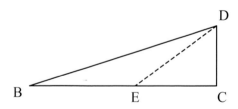

$\overline{CD} = 100 \Rightarrow \overline{AC} = \overline{EC} = 100\sqrt{3}$ ， $\overline{BE} = \overline{DE} = 200 \Rightarrow \overline{BC} = 200 + 100\sqrt{3}$ 。

$\overline{AC}^2 + \overline{BC}^2 = (100\sqrt{3})^2 + (200 + 100\sqrt{3})^2 = 100000 + 40000\sqrt{3}$

$\Rightarrow \overline{AB} = 100\sqrt{10 + 4\sqrt{3}}$ 。

7. 如圖，遠處一座山($\overline{BC}$)，山上有一塔($\overline{AC}$)。
   塔高 10 公尺，某人在 D 測得塔頂 A 的仰角是
   30°；塔底 C 的的仰角是 15°。求山高。

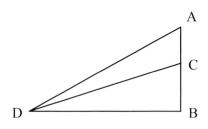

解：

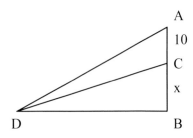

$\overline{BC} = x \Rightarrow 10 : x = 2 : \sqrt{3} \Rightarrow \overline{BC} = 5\sqrt{3}$ 。

8. 如圖，$\triangle ABC$，$\overline{AH} \perp \overline{BC}$，M 是 $\overline{BC}$ 中點，$\overline{HM} = 10$，
   $\angle BAH=30°$，$\angle CAH=45°$。求 $\triangle ABC$ 的面積。

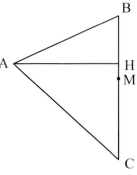

解：

$\overline{BH} = x \Rightarrow \overline{AH} = \overline{CH} = \sqrt{3}x$ 。

$x+10 = \sqrt{3}x - 10 \Rightarrow (\sqrt{3}-1)x = 20 \Rightarrow x = 10\sqrt{3} + 10$ 。

$\overline{AH} = 30 + 10\sqrt{3}$ ，$\overline{BC} = 2\overline{BM} = 2(10\sqrt{3} + 10 + 10) = 20\sqrt{3} + 40$ 。

$\triangle ABC = \dfrac{1}{2}(30 + 10\sqrt{3})(40 + 20\sqrt{3}) = 900 + 500\sqrt{3}$ 。

9. 如圖，設甲、乙兩山的山頂分別是 M、N。某
   人從 A 沿直線斜坡 $\overline{AN}$ 爬上乙山，$\overline{AN}$ =800
   公尺。若∠MAN=22.5°，$\overline{AN}$ 的傾斜角是 30°。
   此人爬到 N 後，又測得對 M 的仰角是 60°，
   ∠ANM=90°。求甲山的高。

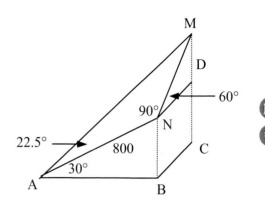

解
答

解：

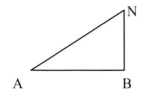 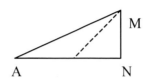

$\overline{AN} = 800 \Rightarrow \overline{BN} = 400$。$\overline{MN} = x \Rightarrow (1+\sqrt{2})x = 800 \Rightarrow x = 800\sqrt{2} - 800$。

$\overline{MD} = (400\sqrt{2} - 400)(\sqrt{3}) = 400\sqrt{6} - 400\sqrt{3}$。

$\overline{CM} = \overline{MD} + \overline{CD} = \overline{MD} + \overline{BN} = 400\sqrt{6} - 400\sqrt{3} + 400$。

甲山的高是 $400\sqrt{6} - 400\sqrt{3} + 400$ 公尺。

「特殊直角三角形」評量一解答

 解答

壹、概念題

1. 完成下列表格。

直角△	最短邊長	另一股長	斜邊長
45°-45°-90°	1		
30°-60°-90°	1		
15°-75°-90°	1		
22.5°-67.5°-90°	1		

解：

直角△	最短邊長	另一股長	斜邊長
45°-45°-90°	1	1	$\sqrt{2}$
30°-60°-90°	1	$\sqrt{3}$	2
15°-75°-90°	1	$2+\sqrt{3}$	$\sqrt{6}+\sqrt{2}$
22.5°-67.5°-90°	1	$1+\sqrt{2}$	$\sqrt{4+2\sqrt{2}}$

2. 已知一個直角△ABC 三邊長的比是 3:4:5，另一個直角△DEF 的一銳角是△ABC 最小銳角的一半，求△DEF 三邊長的比。

解：

$\overline{BP} = \overline{AP} = 5$

$\Rightarrow \angle APC = \angle BAP + \angle B = 2\angle B$。

$\triangle DEF \sim \triangle ACB$。

$\triangle DEF$ 三邊長的比是 $3:9:3\sqrt{10} = 1:3:\sqrt{10}$

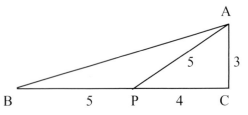

貳、演練題

1. 某人由點 A 朝東 60°北的方向走 8 公里到達點 B 後，再朝東 45°南的方向走 x 公里到達點 C。若點 C 恰好在點 A 的正東方，求 x 的值。

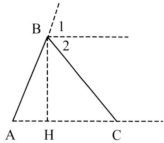

解：

作 $\overline{BH} \perp \overline{AC}$，$\angle 1 = \angle BAC = 60°$，$\angle 2 = 45°$，

$\angle ABH = 30° \Rightarrow \angle CBH = 45°$。

$\overline{AB} = 8 \Rightarrow \overline{BH} = 4\sqrt{3} \Rightarrow x = \overline{BC} = 4\sqrt{6}$。

2. A、B、C 是圓 O 上三點，若 $\overline{AB} = 4$，$\angle ACB = 22.5°$，求圓 O 的半徑。

解：

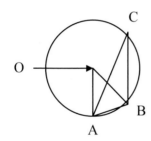
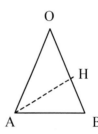

作 $\overline{AH} \perp \overline{BO}$，$\angle AOB = 2\angle C = 45°$。設 $\overline{OH} = x \Rightarrow \overline{OA} = \overline{OB} = \sqrt{2}x \Rightarrow \overline{BH} = (\sqrt{2}-1)x$。

$\overline{AH}^2 + \overline{BH}^2 = \overline{AB}^2 \Rightarrow x^2 + (3-2\sqrt{2})x^2 = 16 \Rightarrow (4-2\sqrt{2})x^2 = 16 \Rightarrow x^2 = 8 + 4\sqrt{2}$。

$\overline{OA} = \sqrt{2}x = \sqrt{2} \times \sqrt{8+4\sqrt{2}} = 2\sqrt{4+2\sqrt{2}}$。

3. 如圖，金字塔的底部 ABCD 是正方形，側面是四個正△：△PAB、△PAD、△PCD、△PBC。$\overline{PH}$ 與 $\overline{PQ}$ 分別是 ABCD 與△PCD 的高。求

(1)∠PCH。　　　　　　(2)$\overline{PQ}$ 是 $\overline{PH}$ 的多少倍？

解：

(1)設正方形 ABCD 的邊長是 1

$\Rightarrow \overline{CH} = \frac{1}{2}\overline{AC} = \frac{\sqrt{2}}{2}$。$\overline{PH}^2 = 1 - \frac{1}{2} \Rightarrow \overline{PH} = \frac{\sqrt{2}}{2}$。

$\angle PCH = 45°$。

(2)$\overline{PQ} = \frac{\sqrt{3}}{2}$，$\overline{PH} = \frac{\sqrt{2}}{2} \Rightarrow \overline{PQ}$ 是 $\overline{PH}$ 的 $\frac{\sqrt{3}}{\sqrt{2}} = \frac{\sqrt{6}}{2}$ 倍。

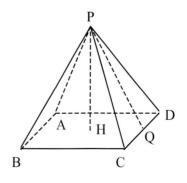

4. 如圖，矩形紙張 ABCD，沿著 $\overline{BE}$ 對摺，使得 C 落在 $\overline{BD}$ 上。若 $\overline{BC}=4$，$\overline{CD}=3$，求 $\overline{CE}$。（利用角平分線比例性質或商高定理）

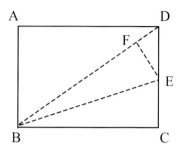

解：

$\overline{BC}=4$，$\overline{CD}=3 \Rightarrow \overline{BD}=5$。

令 $\overline{DE}=5k$，$\overline{CE}=4k \Rightarrow 5k+4k=3 \Rightarrow k=\dfrac{1}{3}$。

$\overline{CE}=\dfrac{4}{3}$。

5. 如圖，矩形紙張 ABCD，沿著 $\overline{EF}$ 對摺，使得 B 與 D 重合。若 $\overline{BC}=4$，$\overline{CD}=3$，求 $\overline{DF}$ 與 $\overline{EF}$。

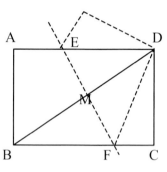

解：

$\overline{BC}=4$，$\overline{CD}=3 \Rightarrow \overline{BD}=5$。

令 $\overline{DF}=\overline{BF}=x \Rightarrow \overline{CF}=4-x$。

$3^2+(4-x)^2=x^2 \Rightarrow x=\overline{DF}=\dfrac{25}{8}$。

$\triangle BMF \sim \triangle BCD$

$\Rightarrow \overline{MF}:\overline{CD}=\overline{BM}:\overline{BC} \Rightarrow \overline{MF}:3=2.5:4 \Rightarrow \overline{MF}=\dfrac{15}{8}$

$\overline{EF}=\dfrac{15}{4}$。

6. 如圖，正方形ABCD的邊長是1公分，固定A點逆時針旋轉30°，得正方形AB'C'D'。求 $\overline{CC'}$ 的長。

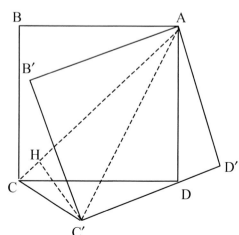

解：

$\angle BAB'=30°$，$\angle CAB'=\angle BAC-\angle BAB'=15°$。

$\angle CAC'=\angle B'AD'-\angle C'AD'-\angle CAB'=30°$。

$\triangle CAC'$中，$\overline{CA}=\overline{C'A}=\sqrt{2}$，$\angle CAC'=30°$

$\Rightarrow \overline{C'H}=\dfrac{\sqrt{2}}{2}$，$\overline{AH}=\dfrac{\sqrt{6}}{2}$，$\overline{CH}=\sqrt{2}-\dfrac{\sqrt{6}}{2}$。

$\overline{CC'}^2=\dfrac{1}{4}[(\sqrt{2})^2+(2\sqrt{2}-\sqrt{6})^2]$

$=\dfrac{1}{4}(16-4\sqrt{12})=4-2\sqrt{3}=(\sqrt{3}-1)^2$。$\overline{CC'}=\sqrt{3}-1$。

§主題九：三角形的心－解答

1. 如圖，M 是 $\overline{BC}$ 的中點，N 是 $\overline{AC}$ 的中點，求 $\triangle ANG:\triangle ABG:\triangle BGM:\triangle CNGM$。

解：

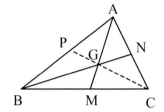

G 是 $\triangle ABC$ 的重心

$\Rightarrow \triangle ANG = \triangle AGP = \triangle BGP = \triangle BGM = \triangle CMG = \triangle CNG$

$\Rightarrow \triangle ANG : \triangle ABG : \triangle BGM : \triangle CNGM = 1:2:1:2$。

2. 如圖，$\triangle ABC$，$\overline{AD}$ 平分 $\angle BAC$，$\overline{AE}$ 平分 $\angle FAC$，$\overline{AB}=4$，$\overline{AC}=3$。求 $\overline{BD}:\overline{CD}:\overline{CE}$。

解：

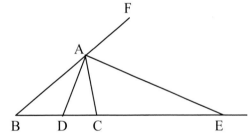

$\overline{BD}:\overline{CD}=4:3$。

令 $\overline{BD}=4k$，$\overline{CD}=3k$。

$\overline{BE}:\overline{CE}=4:3 \Rightarrow \overline{BC}:\overline{CE}=1:3$

$\Rightarrow \overline{CE}=21k$。 $\overline{BD}:\overline{CD}:\overline{CE}=4:3:21$。

3. $\triangle$三邊長是 6、8、10。求$\triangle$外接圓半徑與內切圓半徑。

解：

$\triangle$外接圓半徑 R=5。

$\triangle$內切圓半徑 $r = \dfrac{6+8-10}{2} = 2$。

4. 如圖，△ABC 與圓相切於 D、E、F。設△ABC 的周長是 20，$\overline{BC}$=6，求 $\overline{AD}$。

解：

$\overline{AD} = \overline{AE}$ ，$\overline{BC} = \overline{BF} + \overline{CF} = \overline{BD} + \overline{CE} = 6$ ，

$\overline{AD} + \overline{AE} =$△ABC 的周長 $- 2\overline{BC} = 8 \Rightarrow \overline{AD} = 4$ 。

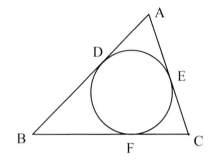

5. 如圖，△ABC，∠BAC=60°，$\overline{AD}$ 平分∠BAC。設 $\overline{AB}$=6，$\overline{AC}$=4，求 $\overline{AD}$。

解：

過 C 作 $\overline{AD}$ 的平行線交直線 BA 於 E，作 $\overline{AF} \perp \overline{CE}$。

∠BAD=∠CAD=30°，∠BAD=∠E=30°，

∠CAD=∠ACE=30°，$\overline{AC} = 4 \Rightarrow \overline{CF} = 2\sqrt{3}$

$\Rightarrow \overline{CE} = 4\sqrt{3}$ 。$\overline{AD} /\!/ \overline{CE}$

$\Rightarrow \overline{AD} : \overline{CE} = \overline{BD} : \overline{BC} = 3:5 \Rightarrow \overline{AD} : 4\sqrt{3} = 3:5$

$\Rightarrow \overline{AD} = \dfrac{12\sqrt{3}}{5}$ 。

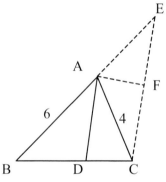

另解：

△ABC=△ABD+△ACD

$\Rightarrow \dfrac{1}{2} \overline{AB} \cdot \overline{AC} \sin 60° = \dfrac{1}{2} \overline{AB} \cdot \overline{AD} \sin 30° + \dfrac{1}{2} \overline{AC} \cdot \overline{AD} \sin 30°$

$\Rightarrow 6\sqrt{3} = \dfrac{3}{2} \overline{AD} + \overline{AD} \Rightarrow \overline{AD} = \dfrac{12\sqrt{3}}{5}$ 。

6. 如圖，△ABC，$\overline{AD}$ 平分∠BAC。設 $\overline{AB}$=10，$\overline{AC}$=8，$\overline{BC}$=12。I 是△ABC 的內心。求 $\overline{AI}:\overline{ID}$。

解：

$\overline{BC}=12$，$\overline{BD}:\overline{CD}=5{:}4\Rightarrow\overline{BD}=\dfrac{20}{3}$。

$\overline{AI}:\overline{ID}=\overline{AB}:\overline{BD}=10{:}\dfrac{20}{3}=3{:}2$。

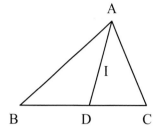

7. △ABC，∠A=30°，$\overline{BC}$=5。求△ABC 外接圓半徑。

解：

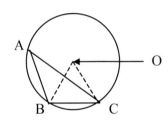

∠BOC=2∠A=60°⇒△ABC 是正△⇒外接圓半徑 R=$\overline{OB}-\overline{BC}$=5。

8. △ABC，$\overline{AB}$=13，$\overline{BC}$=14，$\overline{AC}$=15。求

(1)$\overline{BC}$ 上的高。　　　　　　　(2)△ABC 外接圓半徑。

(3)$\overline{BC}$ 上的中線。　　　　　　(4)△ABC 重心與$\overline{BC}$的距離。

解：

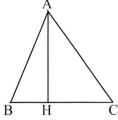

(1)$\overline{AH}\perp\overline{BC}$，令 $\overline{BH}=x$，$\overline{CH}=14-x$。$\overline{AB}^2-\overline{BH}^2=\overline{AC}^2-\overline{CH}^2$

$\Rightarrow 13^2{-}x^2{=}15^2{-}(14{-}x)^2\Rightarrow 169{-}x^2{=}225{-}196{+}28x{-}x^2\Rightarrow 28x{=}140\Rightarrow x{=}5$。

$\overline{AH}=\sqrt{13^2-5^2}=12$。

(2)

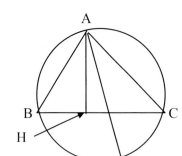

△ABC 外接圓半徑 $\overline{AD} = \dfrac{\overline{AB} \cdot \overline{AC}}{\overline{AH}} = \dfrac{13 \cdot 15}{12} = \dfrac{65}{4}$ 。

(3)

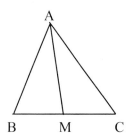

$$\overline{AB}^2 + \overline{AC}^2 = 2\overline{AM}^2 + 2\overline{BM}^2$$

$$\Rightarrow 13^2 + 15^2 = 2\overline{AM}^2 + 2(7^2) \Rightarrow 2\overline{AM}^2 = 296 \Rightarrow \overline{AM}^2 = 148 \Rightarrow \overline{AM} = 2\sqrt{37}$$ 。

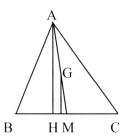

(4)重心 G 與 $\overline{BC}$ 的距離是高 $\overline{AH}$ 的 $\dfrac{1}{3}$ $\Rightarrow$ 重心 G 與 $\overline{BC}$ 的距離是 4。

9. $\triangle ABC$，$\overline{AB}=\overline{AC}=5$，$\overline{BC}=6$。O、G、H 分別是$\triangle ABC$ 的外心、重心與垂心。求

   (1)O 與 A 的距離。　　　　　(2)G 與 A 的距離。　　　　　(3)H 與 A 的距離。

解：

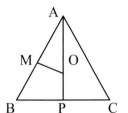 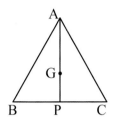 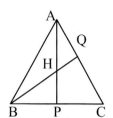

$\overline{AP} \perp \overline{BC} \Rightarrow \overline{BP}=\overline{CP}=3$。$\overline{AP}=\sqrt{5^2-3^2}=4$。

(1)$\triangle ABP \sim \triangle AOM \Rightarrow \overline{AB}:\overline{AO}=\overline{AP}:\overline{AM} \Rightarrow 5:\overline{AO}=4:\dfrac{5}{2} \Rightarrow \overline{AO}=\dfrac{25}{8}$。

(2)$\overline{AG}=\dfrac{2}{3}\overline{AP}=\dfrac{8}{3}$。

(3)$\overline{AP}\cdot\overline{BC}=\overline{BQ}\cdot\overline{AC} \Rightarrow 4\cdot 6=5\overline{BQ} \Rightarrow \overline{BQ}=\dfrac{24}{5}$。$\overline{AQ}=\sqrt{5^2-(\dfrac{24}{5})^2}=\dfrac{7}{5}$。

$\triangle ACP \sim \triangle AHQ \Rightarrow \overline{AC}:\overline{AH}=\overline{AP}:\overline{AQ} \Rightarrow 5:\overline{AH}=4:\dfrac{7}{5} \Rightarrow \overline{AH}=\dfrac{7}{4}$。

10.如圖，O、G、H 分別是$\triangle ABC$ 的外心、重心與垂心。證明

   (1)H 到 A 的距離是 O 到$\overline{BC}$的距離的 2 倍。　　　(2)O、G、H 三點共線。（尤拉線）

解：

(1)$\overline{MN}\,/\!/\,\overline{CA}$ ，$\overline{AH}\,/\!/\,\overline{ON}$ ，$\overline{CH}\,/\!/\,\overline{OM}$

　　$\Rightarrow \triangle AHC \sim \triangle NOM$

　　$\Rightarrow \overline{AH}:\overline{ON}=\overline{AC}:\overline{MN}=2:1 \Rightarrow \overline{AH}=2\overline{ON}$。

(2)直線 OH 與$\overline{AN}$ 交於 K

　　$\Rightarrow \triangle AHK \sim \triangle NOK \Rightarrow \overline{AK}:\overline{NK}=\overline{AH}:\overline{ON}=2:1$。

　　　$\overline{AG}:\overline{NG}=2:1 \Rightarrow$K 與 G 重合。

　　K 在直線 OH 上$\Rightarrow$G 在直線 OH 上

　　$\Rightarrow$O、G、H 三點共線。

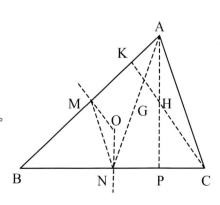

11. $\triangle ABC$，$\overline{AB}=10$，$\overline{BC}=6$，$\overline{AC}=5$，$\overline{AD}$ 平分 $\angle BAC$，直線 AD 與圓相交於 E。求

(1) $\overline{BD}$ 與 $\overline{CD}$ 。   (2) $\overline{AD}$ 與 $\overline{DE}$ 。

解：

(1) $\overline{BC}=6$，$\overline{BD}:\overline{CD}=2:1 \Rightarrow \overline{BD}=4$，$\overline{CD}=2$。

(2) $\overline{AD}=x$，$\overline{DE}=y \Rightarrow x(x+y)=\overline{AB}\cdot\overline{AC} \Rightarrow x^2+xy=50$。

$xy=\overline{BD}\cdot\overline{CD} \Rightarrow xy=8 \Rightarrow x^2=42$

$\Rightarrow x=\sqrt{42}$，$y=\dfrac{8}{\sqrt{42}}=\dfrac{4\sqrt{42}}{21}$

$\Rightarrow \overline{AD}=\sqrt{42}$，$\overline{DE}=\dfrac{4\sqrt{42}}{21}$。

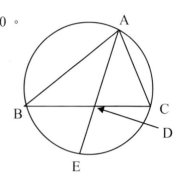

「三角形的心」評量

壹、概念題

1. 完成下列表格。

解：

名稱	構成	性質
重心 G	△任兩邊中線的交點。	1. G恆在△內部。 2. G將中線分成兩線段，其比為(2:1)。 3. △一中線將△分成兩片（面積相等的）△；三中線將△分成六片（面積相等的）△；G將△分成三片（面積相等的）△。 4. 直角△斜邊上的中線等於（斜邊的一半）。
內心 I	△任兩內角平分線的交點。 △內切圓的圓心。	1. I恆在△內部。 2. $\overline{AD}$ 是△ABC角平分線，$\overline{AB}:\overline{AC}=(\overline{BD}:\overline{CD})$。 3. I將△ABC角平分線 $\overline{AD}$ 分成兩線段，其比為$((\overline{AB}+\overline{AC}):\overline{BC})$。 4. I將△ABC分成三片△，其面積比等於$(\overline{AB}:\overline{BC}:\overline{AC})$。 5. △ABC中，∠BIC與∠A的關係是（∠BIC=90°$+\frac{1}{2}$∠A）。 6. 直角△內切圓半徑等於（$\frac{兩股之和-斜邊}{2}$）。
外心 O	△任兩邊中垂線的交點。 △外接圓的圓心。	1. O的位置：直角△─（斜邊中點）；銳角△─（△內部）；鈍角△─（△外部）。 2. 銳角△ABC中，∠BOC與∠A的關係是（∠BOC=2∠A）；鈍角△ABC中，∠BOC與∠A的關係是（∠BOC=360°-2∠A）。 3. 直角△外接圓半徑等於（斜邊的一半）。

解
答

垂心 H	△任兩邊高的交點。	1. H的位置：直角△－（直角頂）； 　銳角△－（△內部）；鈍角△－（△外部）。 2. △ABC中，∠BHC與∠A的關係是（∠BHC+ 　∠A=180°）。
傍心 P、Q、R	△任兩外角平分線的交點。	1. P、Q、R恆在△外部。 2. P是△ABC中∠B外角平分線與∠C外角平分線 　的交點，∠BPC與∠A的關係是（∠BPC=90° 　$-\frac{1}{2}$∠A）。

貳、演練題

1. 設 D、E、F 是正△ABC 三邊中點，求△ABC 外接圓與△DEF 內切圓面積的比值。

解：

　　△DEF 的邊長是 a ⇒ △DEF 內切圓半徑 $r=\frac{1}{3}\times\frac{\sqrt{3}}{2}a=\frac{\sqrt{3}}{6}a$。

　　△ABC 的邊長是 2a ⇒ △ABC 外接圓半徑 $R=\frac{2}{3}\times\frac{\sqrt{3}}{2}\times2a=\frac{2\sqrt{3}}{3}a$。

　　△ABC 外接圓與△DEF 內切圓面積的比值 $=\frac{R^2}{r^2}=16$。

2. 如圖，直角△ABC的面積是90，D、E是△ABC兩邊中點，求△DEF的面積。

解：

　　令△DEF=k ⇒ △BEF=△CDF=2k ⇒ △BCF=4k。

　　BCDE=k+2k+2k+4k=9k ⇒ △ADE=3k。

　　△ABC=12k=90 ⇒ △DEF=7.5。

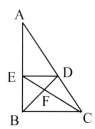

3. 已知△三邊長是 17、17、16，求

(1)重心與內心的距離。　　　(2)重心與外心的距離。　　　(3)重心與垂心的距離。

解：

$$\overline{AD} \perp \overline{BC}，\overline{BD} = 8，\overline{AB} = 17 \Rightarrow \overline{AD} = 15。$$

(1)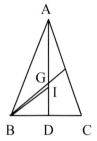

(2)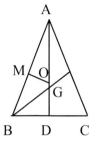

(3)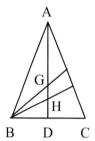

(1)
$$\overline{AG} : \overline{GD} = 2:1 \Rightarrow \overline{AG} = 10。$$
$$\overline{AI} : \overline{ID} = (17+17):16 = 17:8$$
$$\Rightarrow \overline{AI} = \frac{51}{5}。\overline{IG} = \frac{1}{5}。$$

(2)
$$\triangle AMO \sim \triangle ADB$$
$$\Rightarrow \overline{AM} : \overline{AO} = \overline{AD} : \overline{AB}$$
$$\Rightarrow 8.5 : \overline{AO} = 15:17$$
$$\Rightarrow \overline{AO} = \frac{289}{30}。\overline{OG} = \frac{11}{30}。$$

(3)
$$\overline{AH} = x，\overline{DH} = 15 - x$$
$$\overline{AH}^2 - \overline{CH}^2 = \overline{AB}^2 - \overline{BC}^2 = 33$$
$$\Rightarrow x^2 - (15-x)^2 - 8^2 = 33$$
$$\Rightarrow \overline{AH} = \frac{161}{15}。\overline{HG} = \frac{11}{15}。$$

4. 已知△三邊長是 25、51、52，求

(1)最長邊的中線長。　　　　　(2)最長邊的高。

(3)內切圓半徑。　　　　　　　(4)外接圓半徑。

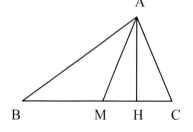

解：

(1) $\overline{AB}^2 + \overline{AC}^2 = 2(\overline{AM}^2 + \overline{BM}^2) \Rightarrow 51^2 + 25^2 = 2(\overline{AM}^2 + 26^2)$
$\Rightarrow \overline{AM}^2 = 937 \Rightarrow \overline{AM} = \sqrt{937}。$

(2) $\overline{BH} = x，\overline{CH} = 52 - x$
$\Rightarrow \overline{AB}^2 - \overline{BH}^2 = \overline{AC}^2 - \overline{CH}^2 \Rightarrow 51^2 - x^2 = 25^2 - (52-x)^2 \Rightarrow 2601 - x^2 = 625 - x^2 + 104x - 2704$
$\Rightarrow 104x = 4680 \Rightarrow x = 45。\overline{CH} = 52 - 45 = 7 \Rightarrow \overline{AH} = \sqrt{25^2 - 7^2} = 24。$

(3) △ABC = 52×24÷2 = 624。

O 是內切圓圓心，r 是內切圓半徑 ⇒ △ABC = △OAB + △OBC + △OAC

⇒ 2△ABC = 2△OAB + 2△OBC + 2△OAC ⇒ 1248 = 51r + 52r + 25r ⇒ 128r = 1248 ⇒ r = 9.75。

(4) R 是外接圓圓半徑 ⇒ $\overline{AB} \times \overline{AC} = \overline{AH} \times R \Rightarrow 51 \times 25 = 52R \Rightarrow R = \frac{1275}{52}。$

5. 如圖，P 是 $\triangle ABC$ 的傍心，$\overline{AB}=7$，$\overline{AC}=5$，$\overline{BC}=6$，求 $\overline{AP}:\overline{PD}$。

解：

$\overline{AB}:\overline{AC}=\overline{BD}:\overline{CD}$

$\Rightarrow 7:5=(6+x):x \Rightarrow 7x=30+5x \Rightarrow x=15$。

$\overline{AP}:\overline{PD}=\overline{AC}:\overline{CD}=5:15=1:3$。

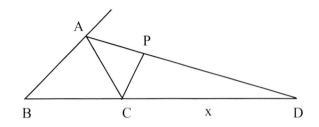

6. 如圖，正 $\triangle DEF$ 在正 $\triangle ABC$ 內，其邊長分別是 2 與 6。已知兩 $\triangle$ 有相同的重心 G，將兩 $\triangle$ 之間塗上藍色，若固定 G 旋轉 $\triangle ABC$，則藍色部分掃過的面積為何？

解：

藍色部分掃過的外圍面積為 $(\dfrac{2}{3}\times\dfrac{\sqrt{3}}{2}\times 6)^2\pi=12\pi$ ；

內圍掃不到的面積為 $(\dfrac{1}{3}\times\dfrac{\sqrt{3}}{2}\times 2)^2\pi=\dfrac{1}{3}\pi$ 。

藍色部分掃過的面積為 $\dfrac{35}{3}\pi$ 。

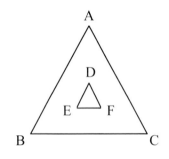

§主題十：孟氏定理－解答

1.如圖，$\overline{AD}=\overline{BD}$，$\overline{AF}=2\overline{EF}$。求 $\overline{BE}:\overline{CE}$。

解：

$$\frac{\overline{AD}}{\overline{BD}}\times\frac{\overline{BC}}{\overline{CE}}\times\frac{\overline{EF}}{\overline{AF}}=1\Rightarrow\frac{1}{1}\times\frac{\overline{BC}}{\overline{CE}}\times\frac{1}{2}=1$$

$$\Rightarrow\overline{BC}:\overline{CE}=2:1\Rightarrow\overline{BE}:\overline{CE}=1:1\,。$$

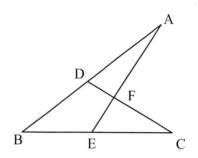

2.如圖，I 是△ABC 的內心，$\overline{AB}=6$，$\overline{AC}=5$，$\overline{BC}=7$。求 $\overline{AI}:\overline{IE}$。

解：

$\overline{AD}:\overline{BD}=5:7$，$\overline{BE}:\overline{CE}=6:5$。

$$\frac{\overline{AD}}{\overline{BD}}\times\frac{\overline{BC}}{\overline{CE}}\times\frac{\overline{IE}}{\overline{AI}}=1\Rightarrow\frac{5}{7}\times\frac{11}{5}\times\frac{\overline{IE}}{\overline{AI}}=1\Rightarrow\overline{AI}:\overline{IE}=11:7\,。$$

另解：

$\overline{BE}:\overline{CE}=\overline{AB}:\overline{AC}=6:5$。

$\overline{BE}=6k$，$\overline{CE}=5k\Rightarrow\overline{BC}=11k\Rightarrow k=\dfrac{7}{11}\Rightarrow\overline{BE}=\dfrac{42}{11}$。

$\overline{AI}:\overline{ID}=6:\dfrac{42}{11}=11:7$。

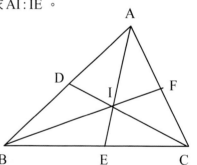

3. 如圖，$\overline{AB}=5$，$\overline{BC}=6$，$\overline{DE}=4$，ABCD 是平行四邊形。求 $\overline{EF}:\overline{FG}:\overline{GB}$。

解：

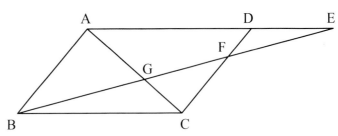

$\overline{DF}:\overline{CF}=\overline{DE}:\overline{BC}=4:6=2:3$，$\overline{CD}=\overline{AB}=5\Rightarrow\overline{DF}=2$，$\overline{CF}=3$。$\overline{FG}:\overline{BG}=3:5$。

令 $\overline{FG}=3k$，$\overline{BG}=5k$。$\overline{EF}:\overline{BF}=2:3\Rightarrow\overline{EF}:8k=2:3\Rightarrow\overline{EF}=\dfrac{16}{3}k$。

$\overline{EF}:\overline{FG}:\overline{GB}=\dfrac{16}{3}:3:5=16:9:15$。

4. 如圖，G 是 △ABC 的重心，$\overline{AF}:\overline{CF}=4:1$。求 $\overline{AE}:\overline{BE}$。

解：

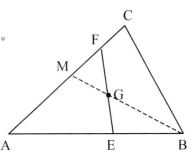

直線 BG 與 $\overline{AC}$ 相交於 M⇒M 是 $\overline{AC}$ 的中點。

$\overline{AF}:\overline{CF}=4:1$。令 $\overline{AF}=4k$，$\overline{CF}=k$。

$\overline{AM}=\overline{CM}=2.5k\Rightarrow\overline{FM}=1.5k$。$\overline{AM}:\overline{FM}=5:3$。

$\dfrac{\overline{BE}}{\overline{AE}}\times\dfrac{\overline{AF}}{\overline{FM}}\times\dfrac{\overline{MG}}{\overline{BG}}=1\Rightarrow\dfrac{\overline{BE}}{\overline{AE}}\times\dfrac{8}{3}\times\dfrac{1}{2}=1\Rightarrow\overline{AE}:\overline{BE}=4:3$。

5. 如圖，$\overline{AE}:\overline{BE}=1:2$，$\overline{AD}:\overline{CD}=3:4$。求 $\overline{BP}:\overline{PD}$ 與 $\overline{CP}:\overline{PE}$。

解：

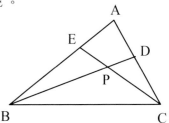

$\dfrac{\overline{BE}}{\overline{AE}}\times\dfrac{\overline{AC}}{\overline{CD}}\times\dfrac{\overline{DP}}{\overline{BP}}=1\Rightarrow\dfrac{2}{1}\times\dfrac{7}{4}\times\dfrac{\overline{PD}}{\overline{BP}}=1\Rightarrow\overline{BP}:\overline{PD}=7:2$。

$\dfrac{\overline{CD}}{\overline{AD}}\times\dfrac{\overline{AB}}{\overline{BE}}\times\dfrac{\overline{PE}}{\overline{CP}}=1\Rightarrow\dfrac{4}{3}\times\dfrac{3}{2}\times\dfrac{\overline{PE}}{\overline{CP}}=1\Rightarrow\overline{CP}:\overline{PE}=2:1$。

6. 如圖，ABCD 是平行四邊形，$\overline{AE}:\overline{DE}=1:3$ ，$\overline{BF}=\overline{CF}$ 。求 $\overline{AP}:\overline{CP}$ 。

解：

$\overline{AE}:\overline{DE}=1:3$ 。

令 $\overline{AE}=k$ ，$\overline{DE}=3k$ ，$\overline{BF}=\overline{CF}=2k$ 。

$\overline{AP}:\overline{CP}=1:2$ 。

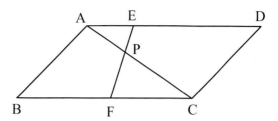

7. 如圖，$\overline{BE}:\overline{CE}=\overline{CF}:\overline{AF}=1:2$ 。求 $\overline{AD}:\overline{BD}$ 。

解：

$\dfrac{\overline{BE}}{\overline{CE}}\times\dfrac{\overline{CF}}{\overline{AF}}\times\dfrac{\overline{AD}}{\overline{BD}}=1\Rightarrow\dfrac{1}{2}\times\dfrac{1}{2}\times\dfrac{\overline{AD}}{\overline{BD}}=1\Rightarrow\overline{AD}:\overline{BD}=4:1$ 。

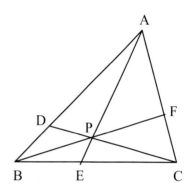

8. 如圖，$\triangle ABC$ 中，D、E 分別是 $\overline{AB}$ 與 $\overline{AC}$ 上的點，

$\overline{AD}=\dfrac{1}{3}\overline{AB}$ ，$\overline{AE}=\dfrac{4}{5}\overline{AC}$ ，求 $\triangle BDF:\triangle CEF$ 。

解：

$\dfrac{\overline{CE}}{\overline{AE}}\times\dfrac{\overline{AB}}{\overline{BD}}\times\dfrac{\overline{DF}}{\overline{CF}}=1\Rightarrow\dfrac{1}{4}\times\dfrac{3}{2}\times\dfrac{\overline{DF}}{\overline{CF}}=1\Rightarrow\overline{DF}:\overline{CF}=8:3$ 。

$\dfrac{\overline{BD}}{\overline{AD}}\times\dfrac{\overline{AC}}{\overline{CE}}\times\dfrac{\overline{EF}}{\overline{BF}}=1\Rightarrow\dfrac{2}{1}\times\dfrac{5}{1}\times\dfrac{\overline{EF}}{\overline{BF}}=1\Rightarrow\overline{BF}:\overline{EF}=10:1$ 。

$\triangle BDF:\triangle CEF=\overline{DF}\times\overline{BF}:\overline{CF}\times\overline{EF}=80:3$ 。

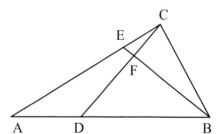

「孟氏定理」評量一解答

壹、概念題

1.如圖，證明「孟氏定理」：$\dfrac{\overline{CE}}{\overline{EA}} \times \dfrac{\overline{AB}}{\overline{BD}} \times \dfrac{\overline{DF}}{\overline{FC}} = 1$。

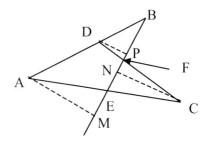

解：

作 $\overline{AM} \perp \overline{BE}$ ，$\overline{CN} \perp \overline{BE}$ ，$\overline{DP} \perp \overline{BE}$

$\Rightarrow \dfrac{\overline{CE}}{\overline{EA}} = \dfrac{\overline{CN}}{\overline{AM}}$ ；$\dfrac{\overline{AB}}{\overline{BD}} = \dfrac{\overline{AM}}{\overline{DP}}$ ；$\dfrac{\overline{DF}}{\overline{FC}} = \dfrac{\overline{DP}}{\overline{CN}}$

$\Rightarrow \dfrac{\overline{CE}}{\overline{EA}} \times \dfrac{\overline{AB}}{\overline{BD}} \times \dfrac{\overline{DF}}{\overline{FC}} = 1$ 。

2.如圖，證明「西瓦定理」：$\dfrac{\overline{AD}}{\overline{BD}} \times \dfrac{\overline{BE}}{\overline{CE}} \times \dfrac{\overline{CF}}{\overline{AF}} = 1$ 。

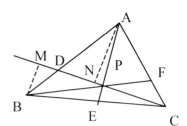

解：

作 $\overline{BM} \perp \overline{CD}$ ，$\overline{AN} \perp \overline{CD}$

$\Rightarrow \dfrac{\overline{AD}}{\overline{BD}} = \dfrac{\overline{AN}}{\overline{BM}} = \dfrac{\Delta ACP}{\Delta BCP}$ ；$\dfrac{\overline{BE}}{\overline{CE}} = \dfrac{\Delta ABP}{\Delta ACP}$ ；$\dfrac{\overline{CF}}{\overline{AF}} = \dfrac{\Delta BCP}{\Delta ABP}$

$\Rightarrow \dfrac{\overline{AD}}{\overline{BD}} \times \dfrac{\overline{BE}}{\overline{CE}} \times \dfrac{\overline{CF}}{\overline{AF}} = 1$ 。

貳、演練題

1.如圖，$\overline{PA}$ 與 $\overline{PC}$ 切圓於 A、C 兩點，直線 BC 與 AD 相交於 Q。若 $\angle P=40°$ ，$\angle Q=45°$ ，求四邊形 ABCD 的四內角。

解：

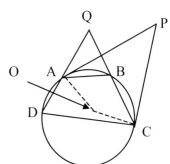

$\angle AOC=360°-\angle P-\angle PAO-\angle BCO=360°-40°-90°-90°=140°$

$\Rightarrow \angle ADC=70°$ ，$\angle ABC=110°$ 。

$\angle BCD=180°-\angle Q-\angle ADC=180°-45°-70°=65°$

$\Rightarrow \angle BAD=115°$ 。

2.如圖，△ABC 是正△，$\overline{AD}=\overline{DE}=\overline{EF}=\overline{FC}=\overline{BM}=\overline{BN}$，

(1)證明$\overline{MD}\,/\!/\,\overline{NE}$，$\overline{ME}\,/\!/\,\overline{NF}$。

(2)求∠MDN+∠MEN+∠MFN。

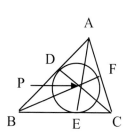

解：

(1)∠B=60°，$\overline{BM}=\overline{BN}$⇒△BMN 是正△

　　⇒∠BMN=60°，$\overline{MN}=\overline{BM}$。

　　∠BMN=∠A⇒$\overline{MN}\,/\!/\,\overline{AC}$。$\overline{MN}=\overline{DE}$，$\overline{MN}=\overline{DE}$

　　⇒MNED 是平行四邊形⇒$\overline{MD}\,/\!/\,\overline{NE}$。同理，$\overline{ME}\,/\!/\,\overline{NF}$。

(2)∠MGN=60°，∠MGN=∠MEN+∠EMF+∠END=∠MDN+∠MEN+∠MFN

　　⇒∠MDN+∠MEN+∠MFN=60°。

3.如圖，△ABC 的內切圓之切點為 D、E、F，

(1)證明$\overline{AE}$、$\overline{BF}$與$\overline{CD}$相交於 P。

(2)若$\overline{AB}=7$，$\overline{AC}=5$，$\overline{BC}=6$，求$\overline{AP}:\overline{PE}$。

解：

(1)$\overline{AD}=\overline{AF}$，$\overline{BD}=\overline{BE}$，$\overline{CE}=\overline{CF}$⇒$\dfrac{\overline{AD}}{\overline{BD}}\times\dfrac{\overline{BE}}{\overline{CE}}\times\dfrac{\overline{CF}}{\overline{AF}}=1$。

　　設$\overline{CD}$、$\overline{BF}$相交於 P，直線 AP 交$\overline{BC}$於 M⇒$\dfrac{\overline{AD}}{\overline{BD}}\times\dfrac{\overline{BM}}{\overline{CM}}\times\dfrac{\overline{CF}}{\overline{AF}}=1$。

　　$\dfrac{\overline{AD}}{\overline{BD}}\times\dfrac{\overline{BM}}{\overline{CM}}\times\dfrac{\overline{CF}}{\overline{AF}}=\dfrac{\overline{AD}}{\overline{BD}}\times\dfrac{\overline{BE}}{\overline{CE}}\times\dfrac{\overline{CF}}{\overline{AF}}\Rightarrow\dfrac{\overline{BM}}{\overline{CM}}=\dfrac{\overline{BE}}{\overline{CE}}\Rightarrow$M 與 E 重合。

　　$\overline{AE}$、$\overline{BF}$、$\overline{CD}$相交於 P。

(2)設$\overline{AD}=x\Rightarrow\overline{AF}=x$，$\overline{BD}=\overline{BE}=7-x$，$\overline{CF}=\overline{CE}=5-x$。

　　$\overline{BC}=6\Rightarrow7-x+5-x=6\Rightarrow x=3$。

　　$\dfrac{\overline{AD}}{\overline{BD}}\times\dfrac{\overline{BC}}{\overline{CE}}\times\dfrac{\overline{PE}}{\overline{AP}}=1\Rightarrow\dfrac{3}{4}\times\dfrac{3}{1}\times\dfrac{\overline{PE}}{\overline{AP}}=1\Rightarrow\overline{AP}:\overline{PE}=9:4$。

4. 如圖，直角△ABC，$\overline{AC}$=8，$\overline{BC}$=6，M 是 $\overline{AB}$ 中點，$\overline{AN}$ ： $\overline{NC}$=3:1。

求△MCP 的面積。

解：

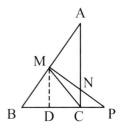

$$\frac{\overline{AM}}{\overline{BM}}\times\frac{\overline{BP}}{\overline{CP}}\times\frac{\overline{CN}}{\overline{AN}}=1\Rightarrow\frac{1}{1}\times\frac{\overline{BP}}{\overline{CP}}\times\frac{1}{3}=1 \text{。}$$

$$\Rightarrow\frac{\overline{BP}}{\overline{CP}}=3\Rightarrow\frac{\overline{BC}}{\overline{CP}}=2\Rightarrow\overline{CP}=3$$

$$\text{作}\ \overline{MD}\perp\overline{BC}\ ,\ \overline{MD}=\frac{1}{2}\overline{AC}=4$$

$$\Rightarrow\triangle MCP=\frac{1}{2}\times\overline{MD}\times\overline{CP}=6 \text{。}$$

5. 如圖，ABCD 是平行四邊形，$\overline{BG}:\overline{CG}$=2:1，求 $\overline{AE}:\overline{EF}:\overline{FC}$。

解：

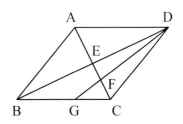

ABCD 是平行四邊形

$$\Rightarrow\overline{AE}=\overline{CE}\ ,\ \overline{BE}=\overline{DE} \text{。}$$

$$\frac{\overline{CG}}{\overline{BG}}\times\frac{\overline{BD}}{\overline{DE}}\times\frac{\overline{EF}}{\overline{CF}}=1\Rightarrow\frac{1}{2}\times\frac{2}{1}\times\frac{\overline{EF}}{\overline{CF}}=1$$

$$\Rightarrow\frac{\overline{EF}}{\overline{CF}}=1\Rightarrow\overline{EF}=\overline{CF} \text{。}$$

$$\text{令}\ \overline{EF}=\overline{CF}=k\Rightarrow\overline{AE}=\overline{EF}+\overline{CF}=2k \text{。}$$

$$\overline{AE}:\overline{EF}:\overline{FC}=2:1:1 \text{。}$$

§主題十一：幾何作圖－解答

1. [已知]△ABC。

　　[求作]一正方形，使其面積與△ABC 的面積相等。

解：

　Step1. 作 $\overline{AH} \perp \overline{BC}$，H 是垂足。取 $\overline{AH}$ 的中點 M。

　Step2. 在直線 BC 上取一點 G，使 $\overline{CG} = \overline{AM}$。

　Step3. 以 $\overline{BG}$ 為直徑作半圓。

　Step4. 過 C 作 $\overline{BG}$ 的垂線交半圓於 D。

　Step5. 以 $\overline{CD}$ 為一邊作正方形 CDEF。

　　　　CDEF 即為所求。

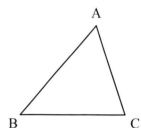

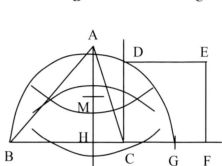

2. 如圖，在數線上畫出坐標 $\sqrt{10}$ 的點。

$$0 \qquad 1$$

解：

　Step1. 設 O 是原點，D 的坐標是 2，C 的坐標是 5。以 $\overline{OC}$ 為直徑作半圓。

　Step2. 過 D 作 $\overline{OC}$ 的垂線交半圓於 B。

　Step3. 以 O 為圓心，$\overline{OB}$ 為半徑畫弧，與數線交於 A。A 即為所求。

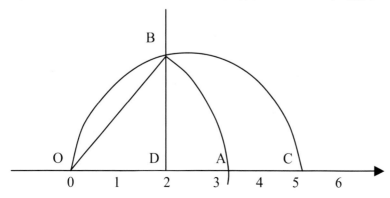

3. [已知]單位長 1，線段長 a。

　[求作](1)一線段長為 a^2。

　　　　(2)一線段長為 $\dfrac{1}{a}$。

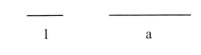

1　　　　　a

解：

(1)

Step1. 作∠XYZ。

Step2. 在∠XYZ 上取點 P、Q、R，
使 $\overline{YP}=1$，$\overline{PQ}=a$，$\overline{YR}=a$。

Step3. 作 $\overline{QS}\,/\!/\,\overline{PR}$，交直線 XY 於 S。
$\overline{RS}$ 即為所求。

(2)

Step1. 作∠XYZ。

Step2. 在∠XYZ 上取點 P、Q、R，
使 $\overline{YP}=a$，$\overline{PQ}=1$，$\overline{YR}=1$。

Step3. 作 $\overline{QS}\,/\!/\,\overline{PR}$，交直線 XY 於 S。
$\overline{RS}$ 即為所求。

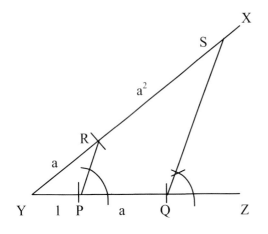

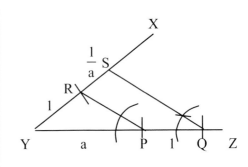

4. [已知]A、B 是直線 L 同側二點。

　[求作]在 L 上取一點 P，使得 $\overline{PA}-\overline{PB}$ 的值最大。

解：

作直線 AB 與 L 相交於 P。P 即為所求。

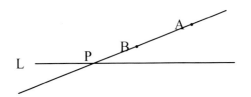

5.[已知]四邊形 ABCD。

[求作]一點 P，使 $\overline{PB}=\overline{PC}$ 且 P 到∠A 二邊的距離相等。

解：

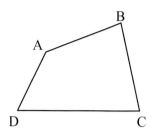

作∠A 的平分線與 $\overline{BC}$ 的中垂線，二者相交於 P。

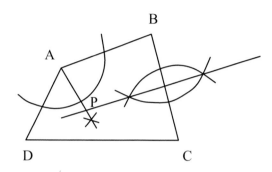

6.如圖，兄弟二人平分梯形土地 ABCD，已知梯形下底是上底的 2 倍。平分的方式是以平行上底的 $\overline{PQ}$ 為界，以幾何作圖定出 P、Q 的位置。

解析：

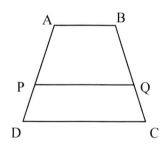

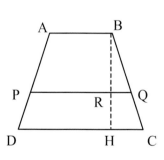

作 $\overline{BH}\perp\overline{CD}$ 交 $\overline{PQ}$ 於 R，交 $\overline{CD}$ 於 H。 $\overline{BR}:\overline{RH}=x:1-x\Rightarrow\overline{BQ}:\overline{CQ}=x:1-x$ 。

設 $\overline{AB}=1$ ， $\overline{CD}=2\Rightarrow\overline{PQ}=2x+(1-x)=x+1\Rightarrow(1+x+1)x=(x+1+2)(1-x)$

$\Rightarrow x^2+2x=-x^2-2x+3\Rightarrow 2x^2+4x-3=0\Rightarrow x=\dfrac{-4\pm\sqrt{40}}{4}=\dfrac{-2\pm\sqrt{10}}{2}$ （－不合）， $1-x=\dfrac{4-\sqrt{10}}{2}$

$\Rightarrow\overline{BQ}:\overline{CQ}=(-2+\sqrt{10}):(4-\sqrt{10})=(\sqrt{10}+1):3$ 。

解：

Step1. 作直角△EFG，使 $\overline{EF}=1$，$\overline{FG}=3$。

Step2. 過 B 作直線 L。在 L 上取點 S、R，使 $\overline{BS}:\overline{SR}=(\overline{EG}+\overline{EF}):\overline{FG}$。

Step3. 連接 C、R。

Step4. 過 S 作 $\overline{CR}$ 的平行線，與 $\overline{BC}$ 的交點即為 Q。

Step5. 過 Q 作 $\overline{CD}$ 的平行線，與 $\overline{AD}$ 的交點即為 P。

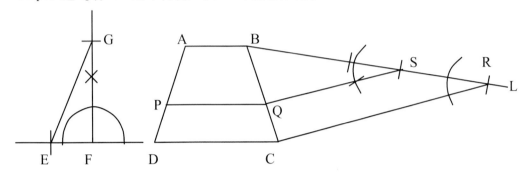

7. 如圖，長方形的紙張 PQRS 的一邊上一點 A，用剪刀剪下一個正方形 ABCD，使得 B 在 $\overline{PQ}$ 上，D 在 $\overline{RS}$ 上。請以幾何作圖畫出 ABCD。

解：

Step1. 在 $\overline{PQ}$ 上取一點 B，使 $\overline{PB}=\overline{AS}$。

Step2. 在 $\overline{RS}$ 上取一點 D，使 $\overline{SD}=\overline{PA}$。

Step3. 分別以 B、D 為圓心，$\overline{AB}$ 為半徑畫弧，二弧相交於 D。ABCD 即為所求。

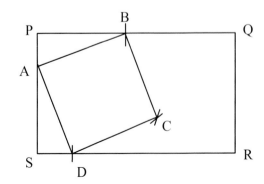

8. 如圖，長方形的游泳池 PQRS，池邊有三位救生員，其位置分別在池邊的 A、B、C 三
點。三人的責任區域以離三員中最近者定出。請以幾何作圖畫出三人的責任區。

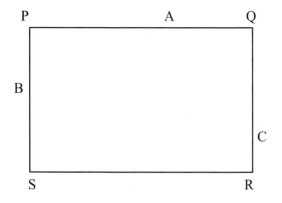

解：

作 $\overline{AB}$，$\overline{BC}$ 與 $\overline{AC}$ 的中垂線，三者相交於 O，並與長方形 PQRS 相交於 D、E、F。

ODQE、ODPSF、OFRE 是位於 A、B、C 的三位救生員的責任區。

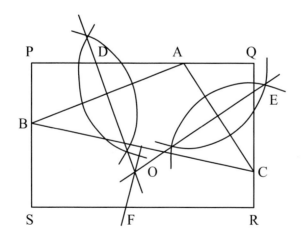

9. [已知]△ABC，∠C=90°。

　[求作]正方形 PQRC，使 P、Q、R 在△三邊上。

解析：

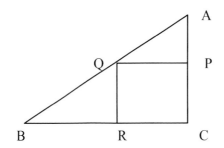

$$\overline{PQ} = \overline{QR} = x \ , \quad \frac{\overline{PQ}}{\overline{BC}} + \frac{\overline{QR}}{\overline{AC}} = \frac{\overline{AP}}{\overline{AC}} + \frac{\overline{CP}}{\overline{AC}} = 1 \Rightarrow \frac{x}{\overline{BC}} + \frac{x}{\overline{AC}} = 1 \ 。$$

解：

Step1. 過B作 $\overline{BC}$ 的垂線，在線上取一點D，使 $\overline{BD} = \overline{BC}$ 。

Step2. 作直線CD與 $\overline{AB}$ 相交於Q。

Step3. 過Q作 $\overline{BC}$ 的平行線交 $\overline{AC}$ 於P。

Step4. 過Q作 $\overline{BC}$ 的垂線，垂足是R。PQRC即為所求。

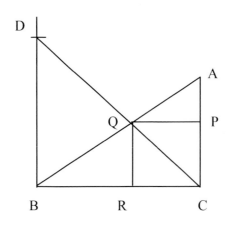

10.(1)求頂角 36° 的等腰△腰長與底邊長的比。

　(2)利用(1)，作 36° 的角。

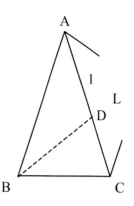

解：

(1)

作 $\overline{BD}$ 平分 $\angle ABC \Rightarrow \angle A = \angle ABD = 36°$ ，

$\angle C = \angle BDC = 72° \Rightarrow \overline{AD} = \overline{BD} = \overline{BC}$ 。

$\overline{AC} = L$ ， $\overline{AD} = \overline{BD} = \overline{BC} = 1$ 。

$\triangle ABC \sim \triangle BCD \Rightarrow \overline{AC} : \overline{BC} = \overline{BC} : \overline{CD} \Rightarrow L : 1 = 1 : (L-1)$

$\Rightarrow L(L-1) = 1 \Rightarrow L^2 - L - 1 = 0 \Rightarrow L = \dfrac{1 \pm \sqrt{5}}{2}$ 。（ $\dfrac{1-\sqrt{5}}{2}$ 不合）$\Rightarrow$ $\overline{AC} : \overline{BC} = \dfrac{1+\sqrt{5}}{2}$ 。

(2)

Step1. 作直角△BCD，使 $\overline{BC} = 1$ ， $\overline{CD} = 2$ 。

Step2. 在直線BD上取一點E，使 $\overline{DE} = 1$ 。

Step3. 取 $\overline{BE}$ 的中點M。

Step4. 分別以B、C為圓心， $\overline{BM}$ 為半徑畫弧，二弧相交於A。∠BAC即為所求。

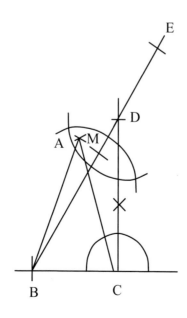

「幾何作圖」評量

壹、概念題

1. 利用直尺與圓規，完成下列各基本作圖。

解：

等線段作圖	過線上一點垂線作圖	過線外一點垂線作圖
中垂線作圖	等角作圖	角平分線作圖

貳、演練題

1. 設 a、b 是正數，a、b 的算術平均數是 $\dfrac{a+b}{2}$；幾何平均數是 $\sqrt{ab}$；調和平均數是 a、b 兩數倒數的算術平均數的倒數。

   (1)求 a、b 的調和平均數。

   (2)已知兩線段長是 a、b，在同一圖形上，畫出 a、b 的算術平均數；幾何平均數與調和平均數。

解：

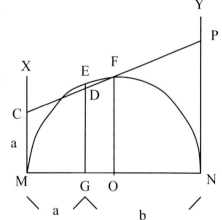

(1) $\dfrac{1}{\dfrac{\dfrac{1}{a}+\dfrac{1}{b}}{2}} = \dfrac{1}{\dfrac{a+b}{2ab}} = \dfrac{2ab}{a+b}$

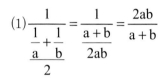

(2)Step1. 以 $\overline{MN}$ 為直徑，作半圓，圓心是 O。

    Step2. 作 $\overline{OF} \perp \overline{MN}$，$\overline{OF}$ 是算術平均數。

    Step3. 作 $\overline{GE} \perp \overline{MN}$，$\overline{GE}$ 是幾何平均數。

    Step4. 過 M、N 作 $\overline{MN}$ 的垂線 MX 與 NY。

          取 $\overline{MC}=a$，作直線 CF 與 NY 相交於 P；與 $\overline{GE}$ 相交於 D。

          $\overline{DG}$ 是調和平均數。

2. [已知]△ABC，∠C=90°。

   [求作]一圓，使其圓心在 $\overline{AB}$ 上且與 $\overline{AC}$、$\overline{BC}$ 相切。

解析：設圓心是 Q，P 與 R 是切點⇒CPQR是正方形。

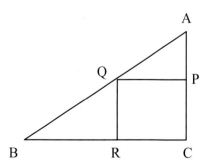

    $\overline{PQ} = \overline{QR} = x$，

    $\dfrac{\overline{PQ}}{\overline{BC}} + \dfrac{\overline{QR}}{\overline{AC}} = \dfrac{\overline{AP}}{\overline{AC}} + \dfrac{\overline{CP}}{\overline{AC}} = 1 \Rightarrow \dfrac{x}{\overline{BC}} + \dfrac{x}{\overline{AC}} = 1$。

解：

Step1. 過B作 $\overline{BC}$ 的垂線，在線上取一點D，使 $\overline{BD}=\overline{BC}$ 。

Step2. 作直線CD與 $\overline{AB}$ 相交於Q。

Step3. 過Q作 $\overline{BC}$ 的平行線交 $\overline{AC}$ 於P。

Step4. 過Q作 $\overline{BC}$ 的垂線，垂足是R。

以Q為圓心， $\overline{PQ}$ 為半徑的圓即為所求。

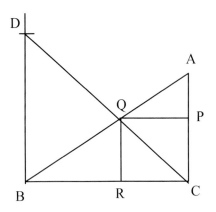

3. [已知]兩正方形 ABCD 與 EFGH。

[求作]一正方形，使其面積是 ABCD 與 EFGH 的面積和。

解：

作直角△PQR，使得∠PRQ=90°，

$\overline{QR}=\overline{AB}$ ， $\overline{PR}=\overline{EF}$ 。

以 $\overline{PQ}$ 為一邊的正方形即為所求。

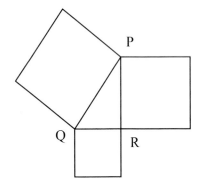

4. [已知]圓及圓外一點 P。

[求作](1)圓的圓心 O。　　　　(2)過 P 作圓 O 的一切線。

解：

(1)作圓的兩弦中垂線，其交點即為圓心O。

(2)以 $\overline{PO}$ 為直徑，作半圓，與圓O相交於Q。

直線PQ即為所求。

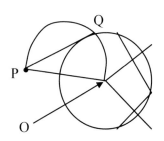

5. 如圖，長方形撞球台 ABCD，P 與 Q 各置一個白球與紅球，利用尺規作圖畫出白球碰撞 $\overline{AB}$，再碰撞 $\overline{BC}$，最後碰撞紅球的軌跡。

解：

Step1. 過 P 作 $\overline{AB}$ 的對稱點 E；
過 Q 作 $\overline{BC}$ 的對稱點 F。

Step2. 作直線 EF 與 $\overline{AB}$ 相交於 M；
與 $\overline{BC}$ 相交於 N。

Step3. 連接 P 與 M；連接 Q 與 N。
$\overline{PM}$、$\overline{MN}$、$\overline{NQ}$ 即為所求。

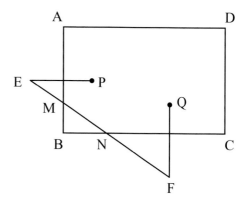

解答

實務篇

第二章
建構系統知識

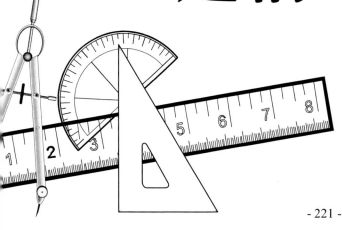

單元一
建 構 系 統 知 識

壹、何謂建構系統知識？

將零碎知識依主題分類，並建立目錄，使其成為個人的系統知識。

貳、為何必須建構系統知識？

一、知識爆炸的時代來臨—系統化的經營是時代主流。

二、資訊快速傳遞的影響—經濟化與效率化的追求符合年代潮流。

三、市場機制改變的現實—終身學習是免於落伍的關鍵。

四、通識課程與專業領域的需求—自主學習與培養多元化的專長是時勢所趨。

參、建構系統知識必須同步培養的能力有那些？

一、吸收他人經驗內化成自己同理心—領悟他人真情至意，並以自己觀點詮釋。

二、邏輯思考能力—精密的推理與完整的論斷。

三、語文表達的能力—言簡意賅與深入人心。

四、解決問題與發掘問題的能力—以簡御繁與經驗轉換。

五、想像力與創造力—知識應用與昇華。

肆、建構系統知識運用的法則有那些？

一、分流法則—分門別類與依流程實施。（加法原理與乘法原理之比擬）

二、類比法則—歸類與比較。（樹狀圖之比擬）

三、統整法則—統合與整理。（邏輯的區塊理論之比擬）

四、進階法則—合縱連橫與觸類旁通。（形與數的對照理論之比擬）

五、多元法則—跨越領域與裡應外合。（n度空間理論之比擬）

伍、建構系統知識的指標性項目有那些？

一、能指出單元的基本架構與重點摘要—層次分明與有條不紊。

二、能記錄單元的核心概念—定義、原理與公式等基礎知識的來源明確清晰。

三、能記錄與核心概念等價的經典範例—性質的推廣牢記於心。

四、能記錄實務練習的心得感想—特殊的應用胸有成竹。

五、能以自己的思考脈絡建構系統知識的網路—建立個人的品味與風格。

六、能適時充實已建構的系統知識—加深加廣個人的見聞與見識。

陸、建構系統知識有那些建議事項？

一、自行建構系統知識—求人不如求己。

二、設定主題項目開始建構—心動不如行動。

三、將建構的系統知識行諸文字—精簡與條理為原則。

四、建立系統知識的目錄—知查詢資料何在。

五、從實作中累積經驗—熟能生巧。

六、建構系統知識不侷限於課堂內的學習—處處留心皆學問。

單元二

解題策略分析

壹、評量層級分類

一、認知─記憶性的片段知識。

二、理解─推理性的片段知識。

三、應用─一般性的知識運用。

四、分析─深入性的知識運用。

五、綜合─綜合性的知識運用。

六、評鑑─創造性的知識運用。

貳、以實數系為單元的參考實例

Ex1. 下列那些是無理數？

(1)1.414　　　(2)$\sqrt{2}$　　　(3)1.1010010001……　　　(4)π（認知類）

解答：(2)、(3)、(4)。

Ex2. 利用十分逼近法，求 $\sqrt{179}$ 的近似值到小數點第一位。（理解類）

解答：13.4。

Ex3. 比較 $\sqrt{6}-1$ 與 $\sqrt{7}-\sqrt{2}$ 的大小。（應用類）

解答：$\sqrt{6}-1>\sqrt{7}-\sqrt{2}$。(提示：有理化分子)

Ex4. 證明 $\sqrt{3}$ 是無理數。（分析類）

提示：設 $\sqrt{3}=\dfrac{q}{p}$，p、q 互質，p≠0。

Ex5. 如圖，半徑是 1 與 2 的外切兩圓，兩外公切線所夾內公切線段的長為何？

（綜合類）

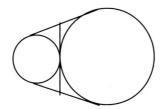

解答：$2\sqrt{2}$ 。

Ex6. 證明兩無理數之間必存在無理數。（評鑑類）

提示：設 p、q 是無理數，p>q，p-q=n+s，其中 n 是正整數或 0、0≤s<1。

Case1. n 是正整數⇒取 t=q+0.5。

Case2. n=0⇒s≠0。存在一正整數 m，使得 $\dfrac{1}{10^m}$ ≤s< $\dfrac{1}{10^{m-1}}$ 。取 $t=q+\dfrac{1}{10^m}\times\dfrac{1}{2}$

參、面對評量的歷程

一、前奏

（一）系統知識完整建構—Are you ready？（知重點所在）

（二）知己知彼，百戰百勝—不知不覺→後知後覺→先知先覺。（知試題用意）

二、解題方向

（一）歸納法—個別事件的推廣。（見微知著）

（二）演譯法—原則原理的運用。（見著知微）

三、解題策略

（一）充分了解題目的要旨—已知條件有那些？結論是什麼？

（二）從已知條件引出線索—那些線索能與結論產生關聯？

（三）從結論反向思索—那些思索能與線索互相連結？

（四）完成思路之旅—已知→線索→思索→結論。

（五）記述解題過程—無形化有形。

四、模擬實例解說

Ex1. 證明與 $\sqrt{2}$ 最接近，但不等於 $\sqrt{2}$ 的無理數不存在。

思路分析：

1. 比 $\sqrt{2}$ 大的無理數有 $\sqrt{2}$ +0.1、$\sqrt{2}$ +0.01、……。

（演繹法：原理—無理數與有理數的和是無理數。）

設最接近 $\sqrt{2}$ 的無理數是 $\sqrt{2}$ +s，0<s<1。在 $\sqrt{2}$ 與 $\sqrt{2}$ +s 之間找出無理數。

（歸納法：以正純小數的個別事件歸納—0.00……01≤s<0.00……01。）

n-1 位　　　　　n 位

2. 比 $\sqrt{2}$ 小的無理數仿照上述觀念處理。

解答：

Case1. 最接近 $\sqrt{2}$ 的無理數大於 $\sqrt{2}$ 。

設最接近 $\sqrt{2}$ 的無理數是 $\sqrt{2}$ +s，0<s<1。

存在 n，使得 $\dfrac{1}{10^{n+1}} \leq s < \dfrac{1}{10^{n}}$ ，其中 n 是正整數或 0。

取 $t = \dfrac{1}{2} \times \dfrac{1}{10^{n+1}}$ ， $\sqrt{2} < \sqrt{2}$ +t< $\sqrt{2}$ +s，與 $\sqrt{2}$ +s 是最接近 $\sqrt{2}$ 的無理數不合。

Case2. 最接近 $\sqrt{2}$ 的無理數小於 $\sqrt{2}$ 。

設最接近 $\sqrt{2}$ 的無理數是 $\sqrt{2}$ -s，0<s<1。

存在 n，使得 $\dfrac{1}{10^{n+1}} \leq s < \dfrac{1}{10^{n}}$ ，其中 n 是正整數或 0。

取 $t = \dfrac{1}{2} \times \dfrac{1}{10^{n+1}}$ ， $\sqrt{2}$ -s< $\sqrt{2}$ -t< $\sqrt{2}$ ，與 $\sqrt{2}$ -s 是最接近 $\sqrt{2}$ 的無理數不合。

Ex2. 平面上，相異 n 個圓最多將平面分割成幾個區域？

思路分析 1：

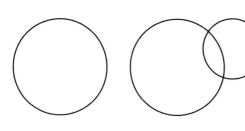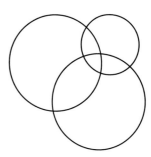

圓數	1	2	3
增加弧數		2	4
分割區域	2	$2+2=4=2^2$	$2+2+4=8=2^3$

（歸納法：圓數 1、2、3、……推廣到 n）

錯誤解答 1：相異 n 個圓最多將平面分割成 2^n 個區域。（歸納法的誤判）

思路分析 2：

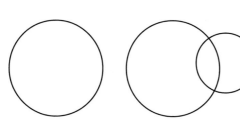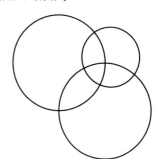

圓數	1	2	3
邏輯區塊	p_1、$\sim p_1$	$p_1 \wedge p_2$ 等	$p_1 \wedge p_2 \wedge p_3$ 等
分割區域	2	4	8

（演譯法：n 個圓與 n 個敘述 p_1、p_2、……、p_n 的對應關係中，乘法原理的應用：□∧□∧……∧□，□以 p_i 或 $\sim p_i$ 代入。）

錯誤解答 2：□∧□∧……∧□中，每個□有 p_i、$\sim p_i$ 兩種填法。

相異 n 個圓最多將平面分割成 2^n 個區域。

（演譯法的誤判：誤以為相異 n 個圓分割平面的區域可以完整表達邏輯區塊。）

正確解答：

相異 4 個圓最多增加 6 個交點，即 6 個弧，最多將平面分割成 2+2+4+6 個區域。

相異 n 個圓最多將平面分割成 $2+2+4+6+\cdots\cdots+(2n-2)=2+2\times\dfrac{n(n-1)}{2}=n^2-n+2$ 個區域。

Ex 3. 如圖，五邊形 ABCDE 中，∠ABC=∠AED=90°，

$\overline{AB} = \overline{CD} = \overline{AE} = \overline{BC} + \overline{DE} = 2$ ，

求五邊形 ABCDE 的面積。

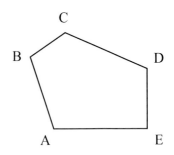

思路分析：

1. 作 $\overline{AH} \perp \overline{CD}$，臆測△AHC≅△ABC、△AHD≅△AED。

2. 證明△AHC≅△ABC 時，只有 $\overline{AC} = \overline{AC}$ 、∠ABC=

∠AHC=90°兩條件。

3. 為證明∠BCA=∠HCA，在直線 DE 上取一點 Q，使得

$\overline{EQ} = \overline{BC}$ 。∠AEQ=∠B=90°，$\overline{AE} = \overline{AB}$ =2⇒△AEQ≅

△ABC⇒$\overline{AQ} = \overline{AC}$。$\overline{DQ} = \overline{CD}$ =2，$\overline{AD} = \overline{AD}$ ⇒△ADC≅

△ADQ⇒∠Q=∠HCA。∠Q=∠BCA⇒∠BCA=∠HCA。

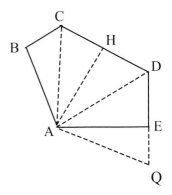

4. △AHC≅△ABC。同理，△AHD≅△AED。（臆測得以證實）

解答：

$\overline{AH} \perp \overline{CD}$，ABCDE=2△AHC+2△AHD=2△ACD=$2 \times \frac{1}{2} \times \overline{CD} \times \overline{AH} = 4$ 。

Ex4.如圖，有三塊大小相同的正方形紙片 A、B、C，交錯疊放在一

個正方形盒子內。從盒子上方看到完整的 A 正方形面積是 16；

部分 B 正方形面積是 12；部分 C 正方形面積是 9。求正方形盒

子的邊長。

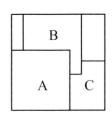

思路分析：

1. 完整的 A 正方形面積是 16，三塊正方形紙片的邊

長是 4。

2. B 正方形在盒子內的位置決定部分 B 與 C 的正方

形面積。如圖，設兩線段長 x 與 y。

3. 列方程式與解方程式。

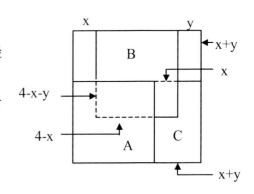

解答：

如圖，(4-x-y)(4-x)=16-12；4(x+y)-x(4-x-y)=9

$\Rightarrow$16-8x+x^2-4y+xy=4；4x+4y-4x+x^2+xy=9$\Rightarrow$x^2-8x-4y+xy=-12；x^2+4y+xy=9

$\Rightarrow$8y+8x=21$\Rightarrow$x+y=$\dfrac{21}{8}$ $\Rightarrow$4+x+y=$\dfrac{53}{8}$ 。

肆、評量與解題

一、評量依性質區分為診斷性評量、形成性評量與總結性評量。也有人增加安置性評量與競賽性評量。各種評量的準備方式雖有不同，解題策略則無差異。

二、評量的設計區分為認知、情境與技能。能自行發掘問題與解決問題是提升解題能力的最好方法。

三、除了系統知識的建構累積解題的實力外，經常運用解題策略分析的練習以增加經驗，對解題能力的提升有很大的助益。

四、清晰的思維與完善的語文表達是成功解題的兩大要素。

單元三
閱讀與寫作練習

壹、閱讀的十大好處

一、提升 IQ

（一）避免無知的恐懼—Knowledge is power。

（二）避免老人失智症—活化腦細胞。

（三）提升語文能力—學習簡要與完整的表達想法。

（四）增進邏輯思考能力—訓練條理分明與面面俱到。

（五）增進解決問題能力—借重他人的經驗法則。

（六）增進想像力與創造力—擴展思維空間。

二、提升 EQ

（七）變化氣質—知世間常理。

（八）擴大視野與心胸—悟人生哲理。

（九）增廣見聞—接受新知得以免於落伍。

三、提升 AQ

（十）增加接受壓力的挫折容忍度—紓解內心鬱悶。

貳、閱讀與寫作的要領

一、掌握作者傳達的訊息—破除文字溝通的障礙。

二、能簡短記錄閱讀內容的精華—分流法則（分門別類與依流程實施）、類比法則（歸類與比較）與統整法則（統合與整理）的運用。屬於認知、理解與應用的範疇。

三、能以自己的看法寫出閱讀後的心得與感想—進階法則（合縱連橫與觸類旁通）的運用。屬於分析與綜合的範疇。

四、能就閱讀內容提出評斷與論述—多元法則（跨越領域與裡應外合）的運用。屬於評鑑的範疇。

參、閱讀與寫作的參考實例

一、書名：密勒日巴（Mila Grubum）尊者傳。

二、內容摘要：

（一）西藏高僧密勒日巴尊者（1052-1135），一身苦修成佛。

（二）十五歲行黑業，為報復伯父與姑姑侵吞家產，在母親堅持下拜師求法，降冰雹懲罰無知村民；咒誅法讓伯姑二家家破人亡。

（三）第一階段行白業，以至尊譯經大師—馬爾巴（印度大行者—那諾巴親傳弟子）為上師，在上師傳法前，上師安排經歷八劫考驗其心—信心、精進、智慧、慈悲。在師母同情與協助下，假冒上師之名赴俄巴喇嘛（那諾巴大弟子）處求法，雖傳授密法，卻無法成就。最後還是由馬爾巴上師傳授灌頂，授記喜笑金剛。

（四）第二階段行白業，山窟與山洞苦修證道得道。曾因長久吃蕁麻而皮膚毛髮變綠，亦曾遭獵人羞辱。此階段依馬爾巴上師說法應為第九劫。

（五）第三階段行白業，度化眾生。使上根者得大成就；中根者得成其道；下根者發菩提心、行菩提；無根者廣播善法種子。著名弟子岡波巴與惹瓊巴（本傳即由惹瓊巴發問請示緣起）。

（六）佛法修持秉持「聞、思、修」。其中以「修」為要。文中有一位操普居士雖滿腹經綸，卻為貪財而五毒（「貪瞋痴慢忌妒」）纏身，後亦受尊者教化。

（七）修佛者需遠離世間八法（八法—「苦樂貧富毀譽貴賤」）。

（八）尊者以自己生平說明小乘的「出離」與大乘的「發心」是密宗妙法的基礎。

（九）大修行者皆得神通，卻絕無以神通欺世誑人。

（十）本書以故事與詩歌為主，處處顯示原始佛教的樸實、堅定、艱苦與實踐。說法平易近人，避免曲高和寡，教化有限。

三、讀後感想與註解

（一）佛法在世間，不離世間覺。勿將佛法與神鬼傳奇混為一談。勿將佛法與現實生活脫節。

（二）尊者歷經九劫的考驗與六項基本功—持戒、忍辱、佈施、禪定、精進與大智慧的修練不謀而合。

（三）佛法修持秉持「聞、思、修」。其中以「修」為要。另一說法則是秉持「信、願、行」。其中以「行」為要。

（四）五毒除「貪瞋痴慢忌妒」外，另一說法則是「貪瞋痴慢疑」。

（五）蘇東坡詩云：「稽首天中天，毫光照大千，八風吹不動，端坐紫金蓮。」其中八風—「利衰苦樂稱譏毀譽」與八法—「苦樂貧富毀譽貴賤」應是一體兩面。

（六）小乘的「出離」是「度己」；大乘的「發心」是「度眾」。然必先「度己」方得「度眾」。

（七）「人身難得今已得，佛法難聞今已聞，此身不做今生度，更待何生度此身。」是接觸佛法應有的體認。

四、粗淺評論

（一）本書由藏文翻譯，不易感受詩歌之美。

（二）本書故事的部分內容涉及神通，似過於玄奇。

五、附註

本範例僅供參考，不涉及宗教信仰與傳播。

肆、閱讀與寫作建議事項

一、讓閱讀自然融入生活，勿為寫作而閱讀。

二、選擇有興趣的課外書籍進行閱讀，最好一邊閱讀，一邊註記。

三、自認有意義與具啟發性的書籍才進行讀後寫作。

四、閱讀的範圍不一定是書籍，報章雜誌與文章等都是很好的素材。

五、閱讀後的寫作可推廣到聽演講、看電影與參觀活動等的寫作。

六、閱讀與寫作不必要求完美，畢竟假以時日，重遊此書，看法可能更成熟。

單元四

小論文實作

壹、小論文參考格式

一、題目—研究主題。

二、動機—研究計畫緣起。

三、前言—研究目的。

四、本文—研究內容。

五、結論—研究發現與心得總結。

六、附件—研究內容以附圖、附表等形式呈現。

七、參考文獻—與研究內容相關的參考資料。

貳、小論文實施步驟

一、擬定主題與訂定研究方向。

二、蒐集與主題相關資訊—吸收他人經驗與運用本身系統知識。

三、構思與整理主題內容—邏輯思考、發掘與解決問題。

四、充實與發展主題內容—想像力與創造力。

五、撰寫小論文—文字充分表達。

六、修正與檢視小論文—經得起考驗。

參、平均數的參考題材

一、主題：兩數平均數的幾何觀點探討

二、內容大綱

（一）介紹兩數的算術平均數、幾何平均數與調和平均數。

（二）算術平均數≥幾何平均數≥調和平均數的代數證明。

（三）以幾何方式表示算術平均數、幾何平均數與調和平均數。

（四）以幾何方式說明算術平均數≥幾何平均數≥調和平均數。

（五）其他與平均數有關的性質。

三、寫作題材的觀念提示

（一）算術平均數的幾何呈現包括利用三角形、梯形等。

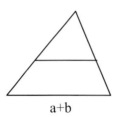
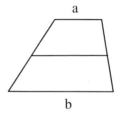

（二）幾何平均數的幾何呈現包括利用特定直角三角形、半圓、相切兩圓外公切線長等。

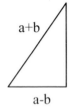
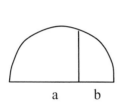
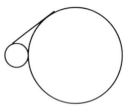

（三）調和平均數的幾何呈現包括利用三角形、梯形等。

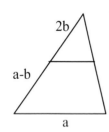
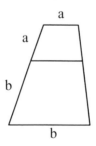

（四）利用平均數的幾何呈現方式，說明算術平均數≥幾何平均數≥調和平均數。

Case1.

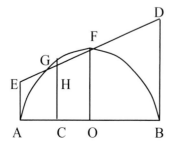

Case2.

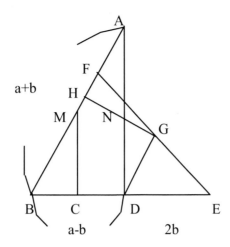

Case3.

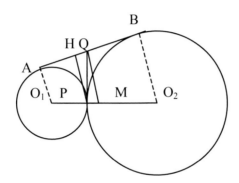

（五）利用矩形與正方形面積的比較方式，說明算術平均數≥幾何平均數≥調和平均數。

Case1. 比較以 a、b 算術平均數為邊長的正方形與以 a、b 為長與寬的矩形面積的大小。

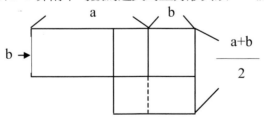

Case2. 比較以 a、b 調和平均數為邊長的正方形與以 a、b 為長與寬的矩形面積的大小。

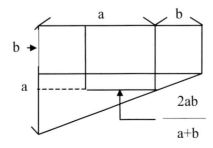

（六）以其他幾何方式，說明算術平均數≥幾何平均數≥調和平均數。

四、實作練習

（一）針對主題、內容大綱與觀念提示，構思與整理小論文的本文部分。

（二）依照參考格式，將小論文以文字完整表達。

肆、四邊形重心的參考題材

一、主題：四邊形內隱藏玄機的三角形

二、寫作題材的觀念提示

（一）四邊形的重心為何？

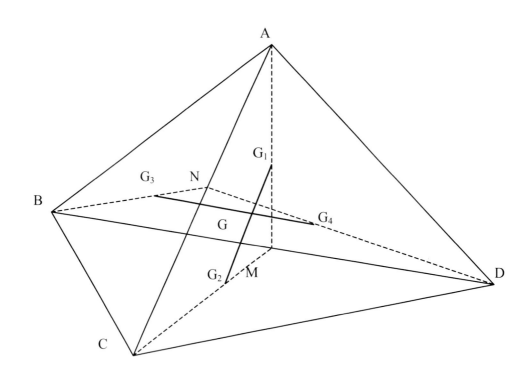

（二）四邊形的重心性質為何？（$\overline{G_1G} = \overline{PG_2}$）

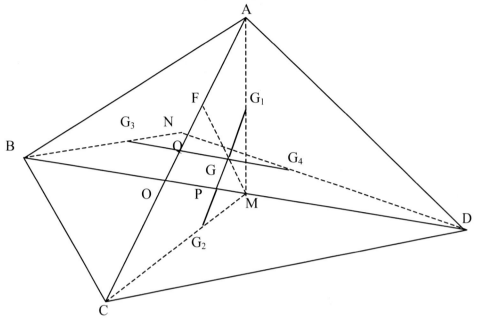

提示：令 $\overline{NQ} = k$，證明 $\overline{NF} = \overline{NO}$ 。

（三）四邊形的重心與兩△重心的距離比與兩△面積比的關係為何？（$\overline{G_1G} : \overline{GG_2} = \triangle BCD :$
$\triangle ABD$）

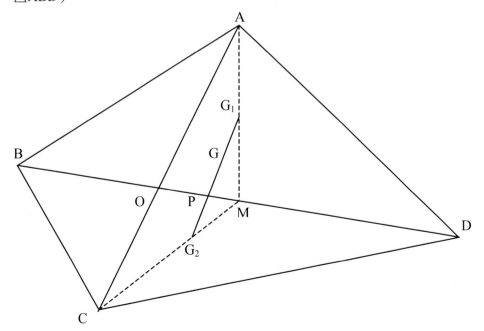

提示：$\overline{G_1G} : \overline{GG_2} = \overline{PG_2} : \overline{PG_1}$ 。

（四）四邊形的重心如何由兩對角線上的四點畫出？

（M、N 是 $\overline{BD}$ 與 $\overline{AC}$ 的中點，$\overline{AF}=\overline{CO}$，$\overline{DE}=\overline{BO}$，證明 G 是四邊形 ABCD 的重心。）

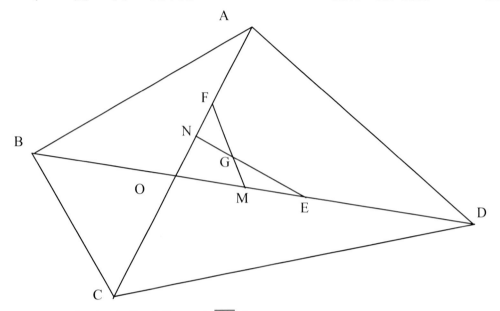

提示：由（二）的圖形，G 在 $\overline{FM}$ 上。

（五）四邊形的重心如何由△的重心畫出？

Case1. G 是△OEF 的重心。

（M、N 是 $\overline{BD}$ 與 $\overline{AC}$ 的中點，$\overline{AF}=\overline{CO}$，$\overline{DE}=\overline{BO}$，證明四邊形 ABCD 的重心 G 是△OEF 的重心。）

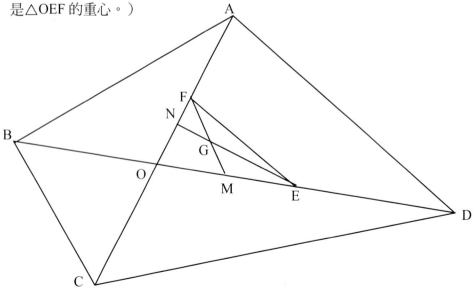

扣除隱藏玄機的△後，三個△與一個四邊形之間的面積關係為何？

（△ABO+△CDO=△BCO+ADEF）

Case2. G 是△BDF 的重心。

（$\overline{AF}=\overline{CO}$，證明四邊形 ABCD 的重心 G 是△BDF 的重心。）

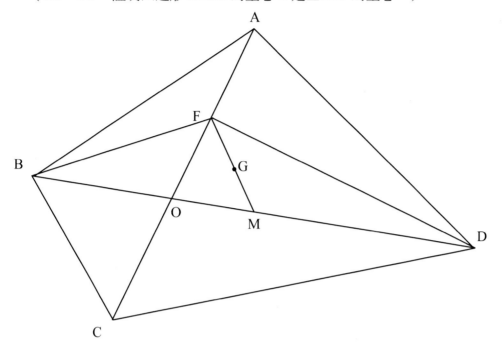

重心將四邊形分成一個凸四邊形與一個凹四邊形，其面積關係如何？

（ABGD-BCDG=△BDG）

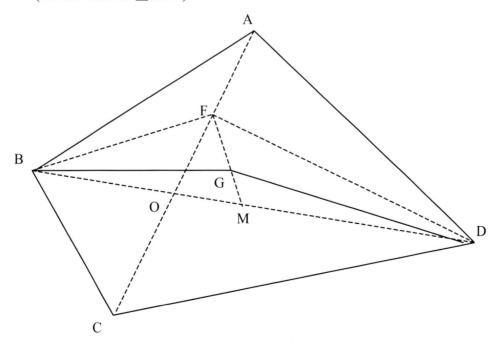

（七）其他四邊形重心的衍生性質。

三、實作練習

（一）針對主題與觀念提示，構思與整理小論文的本文部分。

（二）依照參考格式，將小論文以文字完整表達。

參考文獻

數學辭典	谷超豪　主編	建宏出版社 84.1 初版
知書達理 II	洪　蘭　著	遠流出版公司 93.2 初版
從排列組合探討數學的「教與學」	桃園縣私立大華高級中學數學科教學研究會	高中職社區化 桃三區數理領域發展計畫項目之數學科單元教材教學心得研究報告 94.1 編印
論機率的「教與學」	桃園縣私立大華高級中學數學科教學研究會	高中職社區化 桃三區數理領域發展計畫項目之數學科單元教材教學心得研究報告 94.4 編印
隨風而去	微　知　著	秀威資訊科技股份有限公司 95.9 初版

M EMO

數學基礎知識的系統建構
—邏輯語法的主題專輯

作　　者 / 陳文瑛

出 版 者 / 私立大華高級中學

執行編輯 / 林世玲

圖文排版 / 張慧雯

封面設計 / 林世峰

數位轉譯 / 徐真玉　沈裕閔

圖書銷售 / 林怡君

網路服務 / 徐國晉

法律顧問 / 毛國樑律師

編印發行 / 秀威資訊科技股份有限公司

　　　　　　台北市內湖區瑞光路 583 巷 25 號 1 樓

　　　　　　電話：02-2657-9211　傳真：02-2657-9106

　　　　　　E-mail：service@showwe.com.tw

2007 年 4 月 BOD 一版

定價：350 元

讀 者 回 函 卡

感謝您購買本書，為提升服務品質，煩請填寫以下問卷，收到您的寶貴意見後，我們會仔細收藏記錄並回贈紀念品，謝謝！

1. 您購買的書名：_____

2. 您從何得知本書的消息？

　　□網路書店　□部落格　□資料庫搜尋　□書訊　□電子報　□書店

　　□平面媒體　□ 朋友推薦　□網站推薦　□其他_____

3. 您對本書的評價：(請填代號　1.非常滿意 2.滿意 3.尚可 4.再改進)

　　封面設計____　版面編排____　內容____　文/譯筆____　價格____

4. 讀完書後您覺得：

　　□很有收獲　□有收獲　□收獲不多　□沒收獲

5. 您會推薦本書給朋友嗎？

　　□會　□不會，為什麼？_____

6. 其他寶貴的意見：_____

　　_____

　　_____

　　_____

讀者基本資料

姓名：_____ 年齡：_____ 性別：□女 □男

聯絡電話：_____ E-mail：_____

地址：_____

學歷：□高中(含)以下　□高中　□專科學校　□大學

　　　□研究所(含)以上 □其他_____

職業：□製造業 □金融業 □資訊業 □軍警 □傳播業 □自由業

　　　□服務業 □公務員 □教職　□學生 □其他_____

(請沿線對摺寄回,謝謝!)

秀威與 BOD

BOD（Books On Demand）是數位出版的大趨勢，秀威資訊率先運用 POD 數位印刷設備來生產書籍，並提供作者全程數位出版服務，致使書籍產銷零庫存，知識傳承不絕版，目前已開闢以下書系：

一、BOD 學術著作—專業論述的閱讀延伸
二、BOD 個人著作—分享生命的心路歷程
三、BOD 旅遊著作—個人深度旅遊文學創作
四、BOD 大陸學者—大陸專業學者學術出版
五、POD 獨家經銷—數位產製的代發行書籍

BOD 秀威網路書店：www.showwe.com.tw
政府出版品網路書店：www.govbooks.com.tw

永不絕版的故事・自己寫・永不休止的音符・自己唱